W0034074

Dieses Buch widme ich
den Helden unserer Gesellschaft:
Unternehmern, Führungskräften, Coaches
und ihren Mitarbeitern

Willi Wende

Ewige Jugend für Ihr Unternehmen

Unternehmens-Kybernetik

Fachbuch für
Coaches, Mentoren, Berater,
Unternehmer und Führungskräfte

Hinweis

Dieses Buch wurde auf der Basis langjähriger Erfahrungen und Recherchen als Fach- und Handbuch für Trainerkollegen, Coaches, Coachees, Mentoren, Unternehmer und Führungskräfte geschrieben, die sich mit der V-I-S-E®-Systematik einerseits befassen und andererseits auch damit arbeiten möchten.

Wissenschaftliche Erkenntnisse aus der Soziologie, der Philosophie, der Psychologie, der Betriebswirtschaftslehre bis hin zur Quantenphysik haben ihren Einfluss in dieses Buch gefunden.

Das heißt, jeder Satz und alle Thesen, die im Verlauf der Texte formuliert sind, wurden nach bestem Wissen und Gewissen geschrieben. Für die Anwendung dieses Handbuchs und der darin beschriebenen V-I-S-E®-Methode und dem Prinzip der Individuellen Verantwortung können weder die Firma SIRIS®als Softwarelieferant, noch Willi Wende als Autor eine Garantie und Haftung übernehmen. Das Risiko der Verwendung des Inhalts liegt ausschließlich beim Nutzer.

Auch wenn dieses Werk bereits wertvolle Hinweise für die Steuerung von sozialen Einheiten im Sinne der Unternehmens- Kybernetik liefert, ergibt sich die wirklich sinnvolle Nutzung des Handbuches erst im Zusammenhang mit der browserbasierten V-I-S-E®-Analyse-Software des Unternehmens SIRIS®-Systeme, Sitz in Ravensburg. Beides zusammen, die V-I-S-E®-Analyse-Software und das Handbuch, bieten für den Berater, die Führungskraft, dem Unternehmer und deren Kunden bzw. Mitarbeiter den allerhöchsten Nutzen. Das benötigte Fachwissen und die Lizenz für die Nutzung der Software kann im Rahmen eines Seminars erworben werden.

IFAR-Innovation-Award 2012

In Anerkennung für herausragende Leistungen
vergeben wir den diesjährigen

IFAR
INNOVATION – COACHING – AWARD 2012

(IFAR Nr.: ICA 2012 +100-00-100)

an Herrn

Willi Wende

Wende – Institut
Reichnerweg 46
12305 Berlin

Der IFAR- Innovation-Award ist Ausdruck und Anerkennung für eine ganzheitliche und werteorientierte Arbeit im Bereich Coaching zum Besten des Ganzen.
Dafür werden besondere Anforderungen vom Wende-Institut erfüllt: Ein veröffentlichtes Leitbild, ein ganzheitlicher Methoden-Mix, nachgewiesene Trainerweiterbildungen, ein liebevolles Menschenbild sowie altruistische Ausrichtung in Geist, Stil und Etikette.
Willi Wende bringt tiefgründige Kenntnisse und internationale Erfahrungen auch in seinen Büchern und Werken zum Ausdruck. Besonders das im Jahre 2012 erscheinende Buch „Die Kunst der Unternehmenssteuerung" ist ein bedeutendes Werk für die Unternehmens-Kybernetik der Zukunft.

Peter W. Köhne (Dipl.Ing.)
Leitung Re-Information und Technik

Korai P. Stemmann (Dr.phil.)
Leitung Training und Coaching

Waldsolms, 28. April 2012

Einleitung

Seit Jahren fordern meine Seminarteilnehmer und Coachees, dass ich meine wichtigsten Themen in einem Buch zusammenfasse. Zum Teil ist das in den bisherigen Büchern geschehen.

Doch in den letzten Monaten zeichnete sich ab, dass ich speziell für Kollegen, Coaches, Coachees, Führungskräfte und Unternehmer ein Handbuch zum Thema V-I-S-E®schreiben musste, das ihnen den Transfer des Gelernten ins Tagesgeschäft leichter macht. Zeit- und kostenaufwendige Analysen werden der Vergangenheit angehören. Just-in-time ist nicht mehr nur eine Maxime der Speditionen und Versandhäuser. Mit den nachfolgenden Inhalten, vielen Beispielen und den mit ihnen unmittelbar verbundenen browserbasierten Analysetools ergeben sich Chancen für den Praxistransfer, wie es sie nicht einmal im 1:1-Coaching gibt.

Die Qualität der Führung wird künftig mehr denn je darüber entscheiden, wer im Wettbewerb die Nase vorne oder das Nachsehen hat. Eine gute hardwaremäßige Geschäftsausstattung wird zu einer Selbstverständlichkeit. Der Wettbewerb findet künftig mehr und mehr auf der Ebene der Softfacts statt.

Wer es schafft, leistungsfähige Systeme mit hochmotivierten und auch in den Softskills gut ausgebildeten Mitgliedern zu kreieren, wird zu den Gewinnern der Zukunft gehören.

Ausschlaggebend für den entscheidenden Schritt in die unternehmerische Zukunft war die Entwicklung einer browserbasierten Software, welche Coaches, Unternehmern und Führungskräften, die Chance eröffnet, wahre Künstler der Unternehmenssteuerung, also Kybernetiker, zu werden.

Die Verbindung von Fachbuch und Software ist in dieser Form geradezu einmalig und sensationell.

Mein Dank gilt ganz besonders Jürgen Mario Baur und seinem Programmierer Christopher Wagner von der Firma AllatNet, der Firma SIRIS®, insbesondere Norbert Schätzlein und Michael Kneissle sowie meinem Kollegen und V-I-S-E®-Master Dr. Wolfgang

Wiebecke und seiner Frau Anette Wiebecke für ihre Unterstützung, die in der Summe sicherstellt, dass wir eine Dienstleistung anbieten können, die die Beratungsszene revolutionieren wird.

Mein Dank gilt vor allem auch meinem Freund Dr. Korai Peter Stemmann, dem ehemaligen Ausbildungsleiter bei PORSCHE, dessen Know-how originär zum Entstehen des V-I-S-E®-Modells beigetragen hat.

Meiner Frau Christíne danke ich für ihre Liebe, ihre Geduld und ihren Anteil am Lektorat. Auch Anette Wiebecke und Nezih Ülkekul gilt mein Dank für ihren scharfen Blick als weitere Lektoren.

Dank schulde ich auch dem IT-Experten Felix Rützel, für seine unglaubliche Geduld und außerordentliche Kompetenz bei der Arbeit mit dem Buchherstellungsprogramm TeXnic-Center, dessen Komplexität für ein professionelles Layout gesorgt hat. Die Erstellung der Buches „Unternehmens-Kybernetik" und seiner Überarbeitung, deren Ergebnis Ihnen jetzt vorliegt, wären ohne seine Unterstützung in dieser kurzen Zeit nicht möglich gewesen.

Insoweit konnten alle Genannten einen weiteren lebendigen Beweis dafür liefern, was es heißt, die V-I-S-E®-Philosophie für eine optimale Unternehmens- und Projektsteuerung zu nutzen und das Commitment aller Beteiligten hoch zu halten.

Berlin im Juli 2012 — Willi Wende

Inhaltsverzeichnis

Kapitel 1

Wandel und Bewusstsein

*„Wer die Vergangenheit versteht
und die Gegenwart beherrscht,
der weiß sich für die Zukunft zu wappnen!“*

1.1 Wandel

Nichts ist so sicher wie der Wandel, die Veränderung. Nichts bleibt so wie es ist. Das ist Leben und eigentlich eine Binsenweisheit.

Doch wann immer wir menschliches Verhalten beobachten, wird diese Binsenweisheit konterkariert und die Menschen bauen auf Sicherheit, Kontinuität, Tradition und Besitzstandwahrung.

Ist das falsch? Oder zumindest verständlich? Geht es wirklich darum zu bewerten, zu **ver**-urteilen, zu **be**-urteilen und zu messen? Oder macht es mehr Sinn, zu versuchen die Prozesse des Wandels zu verstehen? Denn genau von diesen sind wir permanent geradezu umzingelt.

Unsere Kinder wandeln sich ständig, unsere Beziehungen, die Ansichten der Kunden, der Mitarbeiter, und da das überall so ist, wandelt sich die ganze Welt und natürlich auch das Universum.

Entscheiden Sie für sich selbst, was mehr Sinn macht, sich um das Universum zu kümmern oder auf dem Boden dieser Erde zu bleiben.

Der Mayakalender bezeichnet die gegenwärtige Phase als den Sprung vom galaktischen Bewusstsein zum universellen Bewusstsein.

Was wäre, wenn die eigentlichen Akteure dieser Erde, die Unternehmer[1], sich darauf fokussieren die Prozesse, die sich unmittelbar in ihrem Umfeld vollziehen, besser zu verstehen?

„Leader müssen eine Atmosphäre schaffen, in der Mitarbeiter verstehen, dass die Veränderung ein permanenter Prozess ist, kein Ereignis! Leader müssen eine Sicht der Dinge erzeugen, die von den Mitarbeitern geteilt wird und müssen neue Werte etablieren" sagte Jack Welch, CEO, General Electric.

Diese sicher richtige Forderung ist typisch für unsere Zeit. Forderungen stellen ist in:

„Wir müssen sparen!" „Wir müssen den Haushalt wieder in Ordnung bringen!" „Wir müssen die Preise erhöhen!" „Wir müssen Change Management etablieren!" „Wir brauchen neue Produkte!"

Na super, alle wissen **WAS** getan werden muss, wissen aber nicht **WIE**. (siehe auch 1.4, Lösungsmanagement statt Forderungsmanagement)

Was wäre, wenn wir den Führungskräften *Werkzeuge*, neudeutsch „Tools", für das WIE an die Hand geben, damit sie nicht mehr nur auf die Wandlungsprozesse reagieren müssen, sondern **pro**agieren oder besser gesagt, diese Prozesse steuern können, statt mit Forderungen zu **re**agieren?

Damit wären sie nämlich wieder Kapitän auf dem eigenen Schiff und würden nur noch in besonderen Fällen einen Lotsen brauchen.

Egal, ob Lotse (Berater, Trainer oder Coach) oder Kapitän (Unternehmer, Topmanager oder Führungskraft), wenn es Sie reizt, Ihre Rolle mit besten Erfolgsaussichten wieder voll zu übernehmen und dabei auch noch eine Menge Spaß und weniger Stress haben möchten, dann lohnt es sich, dass Sie weiterlesen!

[1] Die männliche Form wird im Folgenden der Einfachheit halber benutzt.

1.2 Bewusstsein

Was heißt eigentlich Bewusstsein? Wikipedia versucht es mit folgender Definition: *„Bewusstsein ist im weitesten Sinne die erlebbare Existenz mentaler Zustände und Prozesse“* und zeigt sich etwas hilflos mit dem sich anschließenden Satz: *„Eine allgemein gültige Definition des Begriffes ist aufgrund seines unterschiedlichen Gebrauchs mit verschiedenen Bedeutungen schwer möglich.“*

Was wäre, wenn wir Bewusstsein im Rahmen dieses Buches wie folgt definieren:

„Bewusstsein ist die ganz persönlich empfundene Klarheit eines Individuums über das Sein!“

Das Maß des individuellen Bewusstseins richtet sich also nach den individuellen Fähigkeiten einer Person, die Welt um sich herum wahrzunehmen und daraus eine Meinung bzw. einen Glauben an diese Welt zu entwickeln. D.h. so wie der Mensch seine (Um-)Welt wahrnimmt, ist sie für ihn wahr und real.

Haben Sie jemals gehört, dass jemand von sich sagte: „Ich habe zu wenig Verstand bekommen!“?

Falls ja, sind Sie wahrscheinlich einem sehr geläuterten Menschen, einem Weisen, begegnet. Doch 99% der Menschheit hält sich für schlau. Ob es der Obdachlose ist, der einem sehr gut und nachvollziehbar erklären kann, warum es ihm so schlecht geht oder der Hartz IV-Empfänger oder der Superreiche. Jeder hat das Bewusstsein, seine Wahrnehmung, seine Klarheit und seine vermeintliche Wahrheit, die erklärt, warum er an der Stelle im Leben steht, wo er gerade steht.

Das ist auch gut so. Ob er es mit der bösen Regierung oder mit seinem Können erklärt, ist dabei unerheblich. Er jedenfalls weiß für sich, warum die Dinge so sind, wie sie sind und genau das ist Bewusstsein:

Das Gefühl, Recht zu haben, mit dem eigenen Blick auf die Welt und das eigene Leben darin.

Also, was macht ein Unternehmer mit höchstem Bewusstsein und einer großen Klarheit über die machbaren Dinge im Rahmen seiner Vision, wenn er keine Mitarbeiter findet, die ihn auch nur annähernd verstehen, weil sie mit ihrem Bewusstsein in einer ganz anderen Welt leben?

Ohne diese Menschen dort abzuholen, wo sie sich befinden, werden sie ihn auf seinem unternehmerischen Weg nicht begleiten, selbst wenn sie es wollten, könnten sie es nicht. Da nützt es auch nichts, wenn er diese Leute als Idioten beschimpft, was er bei dem erwähnten Bewusstsein wahrscheinlich auch nicht machen würde, oder doch?

Ich durfte einige Unternehmer erleben, die so begeistert von ihren eigenen Fähigkeiten waren, dass sie sich für Götter hielten und ihre Mitarbeiter als dumme Schafe betrachteten. Hier kann man beim besten Willen nicht von gehobenem oder gar erweitertem Bewusstsein sprechen.

In der Nähe von Chefs dieser Sorte wächst nichts, auch kein Unternehmen. Führungskräfte, die das verstehen, werden vom Olymp herabsteigen zum gemeinen Volk und hoffentlich in der Lage sein, ihm auf kluge Art und Weise den Weg zum Olymp zu beschreiben.

Im Kapitel 9 werde ich noch näher auf die Themen Aufgabenbewusstsein und Folgenbewusstsein eingehen.

An dieser Stelle wäre es wichtig zu erkennen, dass

die Art und der Umfang unseres persönlichen Bewusstseins bestimmt, ob wir glücklich, gesund und erfolgreich oder unglücklich, krank und kurz vor dem persönlichen Ruin sind.

Diese Behauptung mag jetzt den einen oder anderen Leser unglaublich wütend und einen anderen eher selbstzufrieden oder arrogant machen, beide haben gute Gründe weiterzulesen, aber bitte mit dem Bedürfnis, *zu verstehen*.

Führungskräfte (Unternehmer, Manager, Politiker etc.) und Berater (Mentoren, Coaches, Trainer etc.), die den Schritt zu einem höheren Bewusstsein wagen, die bereit sind, Menschen- und Lebensspezialisten zu werden, denen gehört die Zukunft und eine zutiefst erfüllte Zukunft.

Charisma ist der Beitrag zum Wachstum eines anderen.

Wenn die Mitglieder einer sozialen Einheit wachsen, kann diese soziale Einheit, sei es ein Volk oder die Mitarbeiter eines Unternehmens, nicht zugrunde gehen.

Das V-I-S-E®-System ist deshalb für Berater, Coaches, Unternehmer und Führungskräfte ein wertvolles Tool, wenn sie zu einer gesunden Entwicklung der Unternehmen beitragen wollen und sich dabei nicht zu schade sind, intelligente, die eigene Persönlichkeit fordernde und fördernde Instrumente einzusetzen.

Wer sich mit diesem Bewusstsein an seine Aufgaben wagt, wird zweifellos erfolgreich sein. Alle Unternehmen, die ich bisher beraten durfte und die die Bereitschaft hatten, mit dem V-I-S-E®-Modell und an sich zu arbeiten, sind bis heute sehr erfolgreich.

Die Insolvenzquote dieser V-I-S-E®-Anwender beträgt bis heute NULL Prozent. Die Aussage einer meiner V-I-S-E®-Unternehmer, Hannes Brinkmann[2] lautet in jedem Januar immer wieder:

„Willi, das letzte Jahr war wieder mein Bestes, ich freue mich auf dieses Jahr!“

---

[2]http://www.brinkmann-wiehn.de

1.3 Einstellung

„Die Einstellung prädisponiert eine Person in einer bestimmten Art von Situation für bestimmte Handlungsweisen," liest man u.a. in Wikipedia zum Thema „Einstellung".

Sie scheint die Summe von genetischen, erzieherischen und erfahrungsbestimmten Faktoren zu sein.

Auch hier treffen wir wieder die Aussage: „Nichts ist so gerecht verteilt, wie der Verstand!"[3], der vermeintlich die Einstellung bestimmt. Doch wegen der ebenfalls deutlichen Einflüsse der genetischen und erblichen Anlagen des Menschen ist sie noch fester geprägt als unser empfundenes Wissen, der Verstand, der unser Verständnis prägt.

Seine ganz persönliche Einstellung zu verändern, gehört mit zu den schwierigsten und größten Herausforderungen in der Persönlichkeitsentwicklung. Die Einstellung hat zwar ihre Verwandtschaft mit dem Bewusstsein, aber während Bewusstsein auch etwas *Heimliches*, nicht für jeden Sichtbares in sich birgt, ist die Einstellung eines Menschen deutlich im Verhalten zu erkennen.

Wenn ein Vater seine Kinder immer wieder schlagkräftig *erziehen* will, ist seine Einstellung zur Erziehung absolut deutlich. Wenn ein Chef mit seinen Mitarbeitern sehr fürsorglich (Management by love) umgeht, ist seine Einstellung zu den Mitarbeitern ebenfalls sehr deutlich. Der Chef, der seine Mitarbeiter regelmäßig *zusammenscheißt* (Management by terror), macht aus seiner Einstellung zu seinen Mitarbeitern auch keinen Hehl, oder?

Es gibt Unternehmer, die die Einstellung haben, dass nur Zahlen, Fakten und der Kontostand über Erfolg und Misserfolg entscheiden. Die weichen Faktoren, die Softfacts, als wesentliche Elemente auch seines Erfolges, werden von ihm nicht erkannt. Dieser Unternehmer dürfte jedem Trainer, jedem Coach zutiefst dankbar sein, wenn dieser es schafft, ihm seine Einstellung zu verändern.

[3] René Descates

Ich bekomme regelmäßig Feedback von Mitarbeitern, die froh sind, dass der Chef sich coachen lässt. Auch deren Lebenspartner geben mir bestes Feedback. In den ersten sechs Jahren als Trainer für „Mitarbeiter-Trainings“ (Verkaufs-, Präsentations- und Telefontraining) bekam ich sehr häufig zu hören: „Herr Wende, das müssten Sie mal unserem Chef erklären!“ Ab 1996 habe ich mir dann selbst ein „Mitarbeiter-Trainings-Verbot“ auferlegt und fortan, nur noch „Chef-Seminare“ angeboten und durchgeführt.

Von diesem Zeitpunkt an habe ich mehr für den Erfolg der Unternehmen getan, als jemals zuvor. Denn wenn die Chefs die Faktoren des Erfolges erkennen und bereit sind, ihre Einstellung zu verändern oder zu verfeinern, wirkt sich das sofort auf ihre gesamte Belegschaft aus. Es ist eine Freude, das als Coach, Berater oder Mentor immer wieder zu erleben.

Wie verändert man als Trainer, Coach oder Mentor die Einstellung seiner Coachees, seiner Teilnehmer? Eine Methode, übrigens meine Lieblingsmethode, auch in diesem Buch, ist die Konfrontations- und Provokationsmethode. Wenn wir, manchmal auf bewusst übertreibende Weise, unser Gegenüber mit seiner eigenen Einstellung konfrontieren und ihm dann deutlich wird, dass sie für ihn eher Nachteile als Vorteile bringt, wird er - je nachdem, wie gut wir es als Coach gemacht haben - bereit sein, seine Einstellung zu ändern.

Es gibt andere Methoden, aber probieren Sie diese einmal aus und lassen sich von diesem Buch konfrontieren.

1.4 Von der Re-Aktion zur Pro-Aktion

Der Titel dieses Abschnitts könnte auch *„Vom Forderungsmanagement zum Lösungsmanagement“* heißen. Führende Persönlichkeiten in Wirtschaft und Politik betreiben gerne ihre Selbstvermarktung, in dem sie lauthals Forderungen stellen, von denen sie glauben, dass sie eine hohe Akzeptanz bei den Adressaten bekommen, um sich als kompetent zu verkaufen. Sie schaffen es auch, wenn die Adressaten sich als Verursacher oder Schuldige und diejenigen empfinden, die diese Forderungen erfüllen müssen.

„Wir brauchen mehr Energie!“ - „Unsere Produkte müssen besser werden!“ - „Wir brauchen mehr Facharbeiter!“ Diese Form kann man auch als „Forderungsmanagement“ bezeichnen, leere Worthülsen mit einem unterstellten Sinn, für die man selbst auch nicht gerade stehen muss (siehe hierzu auch Kapitel 9 -PIV-) und es dem Forderer immer ermöglicht, später zu sagen:

„Aber wieso, ich habe es doch damals schon gesagt (gefordert)!“

Selbst wenn sie ins Handeln kommen, haben wir es hier mit **Reagierern** zu tun, deren Denken und Handeln unmittelbar mit der Vergangenheit verknüpft ist und von ihr beeinflusst wird.

Ihre Wahrnehmungsfähigkeit, ihr Bewusstsein und ihre Einstellung finden hier ihre Fortsetzung. Das heißt, ihre Entscheidungen sind unmittelbar mit dem Virus der Vergangenheit *infiziert*.

Die so genannte *Finanzkrise* ist hier das beste Beispiel. Der von den Vermögenden genutzte Zinseszinseffekt macht Geld selbst zur Ware, mit der man wiederum Geld machen kann.

Die ursprüngliche Idee des Geldes, als Lagerschein oder Wertmünze den Warenverkehr zu erleichtern, spielt nur noch für die Handelnden, aber nicht mehr für die Vermögenden eine Rolle.

Alle folgenden Re-Aktionen, sowohl in der Finanzwirtschaft wie in der eigentlichen Wirtschaft, sind entsprechend infiziert und können, auch mit den besten Absichten, keine wirkliche Lösung bringen. Entsprechend ist die Krise lediglich eine finanzmathematische

Folge und nichts, was man bewältigen könnte, ohne den eigentlichen Virus, den Zinseszinseffekt abzuschaffen.

Dieser Schritt wäre dann eine klare Pro-Aktion, ein wahrhaft schöpferischer Akt, mit einem hoffentlich ausgeprägten Folgenbewusstsein.

Proagierer handeln aus dem reinen Schöpfergeist heraus. Sie bringen etwas völlig Neues in diese Welt, losgelöst von der Vergangenheit. Allenfalls von ihr initiiert, nach dem eine Krise in die Insolvenz, in die Unfähigkeit, weiter so zu handeln wie vorher, geführt hat.

Proagierern wie Bill Gates ist es und Steve Jobs war es gegeben, unmittelbar in das Lösungsmanagement zu gehen, z.B.: „Wir werden künftig, 1 Mio. in den Ausbau des Netzes investieren!“ - „Wir haben die Attraktivität unserer Facharbeiterstellen durch massive Investitionen in Fortbildung stark verbessert!“

Lösungsmanagement erfordert Kompetenz, Mut, Charisma und die richtigen Analysewerkzeuge. Jeder professionelle Pokerspieler weiß das. Der Unterschied ist nur: Der Pokerspieler spielt für sich und gegen andere, der Unternehmer spielt für sich, mit und für andere, den internen (Shareholder, Mitarbeiter etc.) und den externen Kunden (Joint Venture-Partner und Käufer).

Eines der wichtigsten Tools für den lösungsorientierten Unternehmer ist daher das V-I-S-E®-System. Der genaue Standort und das Ziel legen automatisch den Kurs fest. Wie viele Personen, Unternehmer etc. kennen Sie, die ihren genauen Standort kennen, ihr Ziel genau beschreiben können und genau wissen, wo es lang geht?

Übrigens, Geld verdienen ist kein Ziel, sondern nur das Resultat. Robert Kiyosaki sagt dazu:

„Mache das Richtige, zur richtigen Zeit für die richtigen Leute und das Geld wird fließen!“[4]

[4]„Do the right thing, at the right time for the right people and money poures in!“

Kapitel 2

Die vier Säulen des Unternehmens

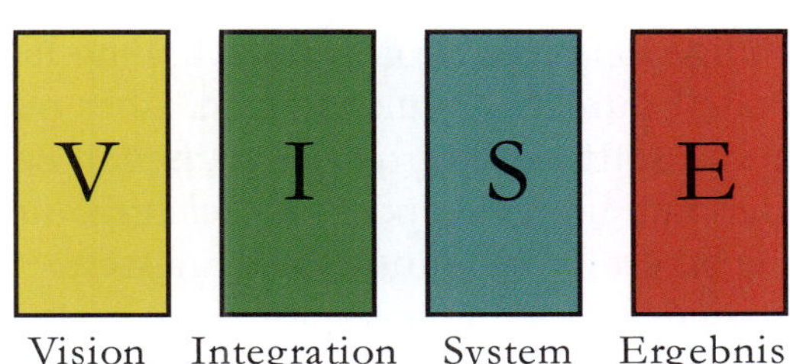

Die materiellen Voraussetzungen für das Betreiben eines Unternehmens sind hinlänglich bekannt und werden allgemein als die wichtigsten Voraussetzungen für den unternehmerischen Erfolg angesehen.

Manche gehen sogar soweit, dass allein das Vorhandensein von genügend finanziellen Mitteln zur Schaffung der materiellen Voraussetzungen den Erfolg des Unternehmens schon sicher stellen.

„Wenn ich genügend Geld hätte, dann wüsste ich schon, was zu tun ist!“ ist die Botschaft von so manchem Träumer.

Auch wenn es sich bereits herumgesprochen hat, dass die Faktoren Finanzen, Betriebsausstattung, Geschäftsleitung und Mitarbeiter, die ich hier einmal als Hardfacts bezeichnen möchte, noch kein erfolgreiches Unternehmen machen, so scheiden sich die Geister an den Softfacts.

Während die Hardfacts generell messbar und mit Zahlen zu belegen sind, entziehen sich die Softfacts dem Zugriff der Zahlen, zumindest in den Bilanzen.

Bilanzen sind also höchst untaugliche Werkzeuge, um die Zukunftsfähigkeit eines Unternehmens zu beurteilen. Auch für die

Standortbestimmung sind sie nur bedingt geeignet, weil sie nur den Blick in die Vergangenheit kennen, denn die Zahlen von heute sind immer Zahlen, die sich aus dem Gestern, der Vergangenheit, zusammensetzen. Dies gilt auch für den morgendlichen Online-Blick auf die Bankkonten.

Denkmodelle, wie die Balanced Scorecard[1], versuchen hier Abhilfe zu schaffen. In großen Konzernen, die sich eine kosten- und zeitaufwendige Balanced Scorecard-Abteilung leisten können, kann dieses Modell durchaus funktionieren. Aber auch in diesem Modell werden die Softfacts ihrer psychologischen Bedeutung entsprechend leider nur ungenügend berücksichtigt und den BWL-Kennziffern eine zu große Bedeutung beigemessen.

Was nicht verwundert, denn beide Autoren der Balanced Scorecard sind in erster Linie Wissenschaftler mit einem eher mathematischen Hintergrund. Doch Ichak Adizes[2], ein renommierter Unternehmensberater aus Santa Monica - USA, hatte schon in den 80er Jahren mit seinem PAEI-System die Idee, den sogenannten weichen Faktoren, den Softfacts, die größere Bedeutung bei der Beurteilung eines Unternehmens zu geben.

Der entscheidende Unterschied zwischen der Adizes-Methode®und dem V-I-S-E®-System besteht im Denk- und Analyseansatz. Die Adizes-Methode®nutzt eher die Symptome des Missmanagements und bestimmte Verhaltensweisen, um den Standort eines Unternehmens im Lebenszyklus zu bestimmen.

Gemeinsam mit Dr. Korai Peter Stemmann, Unternehmensberater, Coach und Autor, habe ich diese Grundidee aufgegriffen und mit dem V-I-S-E®-System auf einen eher ursachenorientierten Stand gebracht. Das V-I-S-E®-System fokusiert stärker auf die **Ursachen** des Verhaltens sowie den Missmanagementsymptomen und der oft stark vernachlässigten Bedeutung des Fühlens und Denkens in Unternehmen.

[1]Balanced Scorecard, Robert S. Kaplan/David P. Norton

[2]Corporate Lifecycles, Ichak Adizes, Prentice Hall

Entsprechend haben wir Analysen entwickelt, die ein klareres Bild des Unternehmens im Lebenszyklus abbilden und unmittelbar zu Lösungsansätzen führen. *Just-in-time-Management* wird damit erstmals möglich.

Im Verbund mit der browserbasierten Software der Firma SIRIS®eröffnet dieses Tool jedem Anwender, ggf. mit der Hilfe eines Coachs/Beraters, die Möglichkeit, innerhalb weniger Stunden den exakten Standort seines Unternehmens im Lebenszyklus zu bestimmen und unmittelbar pro-aktive Maßnahmen in die Wege zu leiten, die das Unternehmen in ein sicheres Fahrwasser bringen oder halten.

Was ein GPS- oder Radargerät bei der Navigation von Schiffen, Flugzeugen etc. leistet, liefert das V-I-S-E®-Tool für die Navigation, der Steuerung von Unternehmen.

Gleichzeitig sensibilisiert die V-I-S-E®-Systematik den Unternehmer für die wichtigsten Softfacts im Unternehmen und machen ihn damit zu einem Künstler der Unternehmenssteuerung, einem wahren Unternehmens-Kybernetiker.

Seit über 15 Jahren arbeite ich mit diesem Instrument für meine Auftraggeber und die Insolvenzquote der V-I-S-E®-Nutzer liegt bei NULL Prozent. Allerdings waren die Analysen seinerzeit noch handgemacht, sehr zeitaufwendig und kostenintensiv.

Mit der neu entwickelten Software erreichen wir heute in wenigen Stunden Resultate, die vor der Einführung der Software Wochen in Anspruch nahmen. Bei kleinen Unternehmen geht das sogar in Minuten - und das mit einem sehr moderaten, bezahlbaren Aufwand sowie einem fast unbezahlbaren Nutzen.

Ein Kapitän, der in wenigen Minuten seinen genauen Standort kennt, heute mit GPS eine Selbstverständlichkeit, weiß auch sofort, welchen Kurs er in Richtung Ziel steuern muss.

Die Unternehmensziele sind in der Regel bekannt, der genaue Standort im Lebenszyklus dagegen nicht. Der Kontostand, die Rendite oder die Liquidität werden oft als Standort interpretiert, sind aber allenfalls Standortfaktoren und wenig geeignet zuverlässige Hinweise für eine proaktive Kursänderung zu geben.

V-I-S-E®ist das GPS für den Unternehmer. Ein Standortbestimmungstool, das es in dieser Form und Präzision noch nie gegeben hat.

Alle Analysen der Vergangenheit haben deutlich gezeigt, dass sie einerseits nie im Widerspruch zu der offiziellen Unternehmensbilanz standen, obwohl keine betriebswirtschaftlichen Daten in der Analyse benutzt wurden und anderseits sofort Lösungsansätze für bestehende Engpässe liefern konnten.

Besonders erwähnenswert ist, dass auch die Engpässe aus betriebswirtschaftlicher Sicht mit der V-I-S-E®-Systematik sofort nachvollziehbare Erklärungen fanden, die sich vorher auch mit dem besten BWL-Know-how nicht ergaben.

Welcher Unternehmer oder Aufsichtsrat kann sich schon vorstellen, dass eine hohe Liquidität und eine hohe Rendite erste Warnsignale eines alternden, ja manchmal sogar eines sterbenden Unternehmens sind?

Und welcher Unternehmer steuert sein Unternehmen so, dass es von ewiger Jugend profitiert? Die Grafik (Abb. 2.1) gibt eine Idee, wie der Verlauf ewiger Jugend im Lebenszyklus aussehen könnte.

Im Folgenden werden die einzelnen V-I-S-E®-Säulen in Unternehmen definiert und ihre Bedeutung eingehend erläutert, später wird sich dann zeigen, dass nur annähernd ausgeglichene V-I-S-E®-Verhältnisse für die Unternehmensgesundheit sorgen. Wir sprechen hier ganz bewusst nicht von Unternehmenswachstum, sondern von Unternehmensgesundheit. Der Unterschied ergibt sich im weiteren Verlauf der Lektüre. Nur soviel:

Gesundheit ohne Wachstum im Wandel ist nicht zu haben, aber Wachstum alleine garantiert keine Gesundheit!

Den Krankheitssymptomen, und vor allem deren Hintergründen auf die Spur zu kommen, ist der Sinn des V-I-S-E®-Systems.

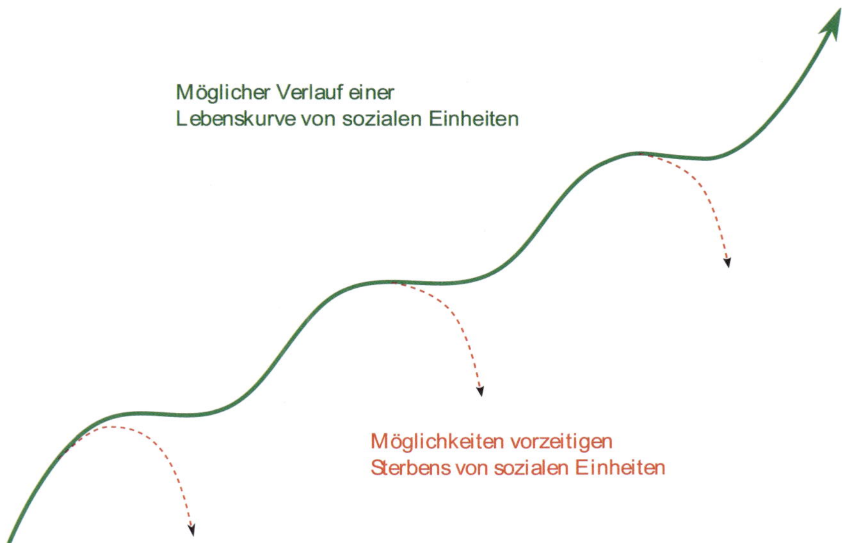

Abbildung 2.1: Ewige Jugend für Unternehmen

Wir fokussieren uns auf die Gesundheit und nicht auf das Herumlaborieren an einer Krankheit. V-I-S-E®ist also ein Unternehmens-Gesundheitssystem, welches die Anamnese, die Analyse, nutzt, um der Krankheit, den pathogenen Einflüssen des Missmanagements, zuvor zu kommen.

Lernen Sie also jetzt die einzelnen Komponenten und ihre unternehmerische Bedeutung kennen:

2.1 Vision

Die Vision ist der Samen im Mutterboden der Veränderung und des Wachstums.

Es gibt keine Schöpfung ohne Vision, ohne Idee!

Das ist der Tenor, der sich nicht nur aus den Theorien der Quantenphysik ableiten lässt. Wir können es auch jederzeit bei allen von Menschenhand geschaffenen Produkten sehen. Auch dort, wo wir bereits die einzelnen Bausteine der natürlichen Schöpfung hinreichend erforscht haben, müssen wir feststellen, dass es sich offenbar genauso verhält.

Es gibt keine Schöpfung ohne eine - ihr entsprechende - Idee. Also hat die Idee, die Vision das Primat. Wer in den natürlichen Bereichen unserer Umwelt der Ideengeber bzw. -lieferant ist, soll hier nicht weiter untersucht werden. Hier mag der geneigte Leser in der Bibel, im Koran, in der Thora, der Bhagavad Gita oder anderen Weisheitsbüchern nachlesen.

Da wir uns in diesem Buch ausschließlich mit den von Menschen gemachten Ideen, Visionen und deren erfolgreicher Umsetzung mit Hilfe eines Unternehmens beschäftigen, brauchen wir hier keine esoterischen Rezepte, sondern es reicht schon der gesunde Menschenverstand. Dieser sollte allerdings auf hohem Niveau funktionieren, man nennt es auch Intelligenz.

Die Vision ist demnach die Anfangsenergie, die für jede Art von Veränderung benötigt wird. Wenn diese Veränderung dann auch noch zu einer Lösung gesellschaftlicher Probleme führt, hat der Visionär, der etwas unternimmt, um seine Idee, seine Vision in die Welt zu bringen, schon einmal sehr gute Karten. Die Vision allein macht ihn jedoch noch nicht zum Unternehmer, aber er ist immerhin schon ein Visionär.

Er mutiert dann schlimmstenfalls zum Träumer, wenn er nichts unternimmt. Die weiteren Zeilen sind für Unternehmer geschrieben bzw. für Personen, die etwas unternehmen, um Lösungen zu erarbeiten: Visionen, die näher an die Realität heranführen. Das wiederum heißt, sich auf das Morgen zu fokussieren, Risiken eingehen und Fehler zu machen.

„Ein Unternehmen, das keine Lösung für gesellschaftliche Probleme liefert, hat auf Dauer keine Chance zu überleben!"

Prof. Dr. Hans Hinterhuber[3]

2.1.1 Die V-Energie

Die **V**-Energie:
„Der einzig wahre Realist ist der Visionär."
Frederico Fellini

In der V-I-S-E®-Systematik steht das **V** daher auch an ers- ter Stelle. Das **V** steht einerseits für **V**ision, aber es steht auch für **V**errücktsein, d.h. aus dem „Normalen herausgerückt sein", für **V**eränderung, für **V**ergessen, **V**erlernen, **V**orausschauen und für **V**ehlermachen. Die **V**-Energie ist zudem VOLLER Kreativität, hat große Lust auf Innovation, sie begeistert sich an neuen Ideen und kann andere mit ihren Ideen ebenfalls begeistern. Ihr Feuer kann Flächenbrände auslösen und hat schon ganze Paradigmen über den Haufen geworfen sowie Quantensprünge in allen Bereichen der Gesellschaft ausgelöst.

Es gibt keinen Wandel ohne diese Energie. Im Bereich der Technik ist dies am leichtesten nachzuempfinden. Ob es das Rad, das Schießpulver, der Ottomotor, die Elektrizität, der Computer waren, diese Ideen haben die Welt nachhaltig verändert. Ob zum Guten oder zum Schlechten muss hier nicht diskutiert werden.

Es geht hier um die mentale Energie, die hinter dieser Art des Denkens, Fühlens und Handelns steckt. Sie entwickelt sich offenbar

[3] Institut für Strategisches Management, Universität Innsbruck http://www.hinterhuber.com/

in unserem Geist (= Verstand, Gehirn, Kopf[4]). Zumindest scheint es so zu sein, denn wenn die innovativen Gedanken erst einmal da sind, werden sie irgendwann zu Worten, dann zu Taten und dann zu Materie.

Für den Unternehmer oder die Führungskraft ist diese Energie der Ursprung, der Samen für alles, was danach folgt.

Pro memoria: **„Es gibt keine Schöpfung ohne Idee!"**

Die Fraktale der **V**-Energie finden sich natürlich auch in den anderen Elementen der V-I-S-E®-Systematik, nämlich in **I**, **S** und **E**.

In der **I**-Energie werden besonders die klimatischen Bedingungen kreativ gestaltet. Die **S**-Energie entwickelt besonders kreative Formen des Wachstums, die durchaus gefährlich werden können, in dem sie z. B. neue Formulare erfindet und damit das Unternehmen noch träger macht und die Flexibilität noch mehr einschränkt.

Auch die **E**-Energie nutzt die **V**-Energie, in dem sie auf kreative Weise unmittelbare Lösungen findet; man könnte sie auch als Feuerwehr- oder Notfallenergie bezeichnen.

Viele Träumer mit einer starken **V**-Energie bleiben Träumer, weil ihre Zweifel größer sind als ihre Überzeugung. Deshalb denken sie mehr über ihren Traum, als dass sie darüber sprechen und in Folge tun. Er bleibt ihr Geheimnis.

Natürlich haben Erfinder diese **V**-Energie. Der Erfinder macht jedoch den nächsten großen, mentalen Schritt: Er glaubt an sich und seine Vision, ohne Wenn und Aber, er brennt und ist im Wortsinne Feuer und Flamme. Er spricht, wo immer es geht, über seine Vision und er fängt an, seine Vision zu materialisieren. Es sei denn, er hält sich verbal aus patentrechtlichen Gründen zurück. An der Materialisierung (Verfeinern, Tüfteln, Erproben etc.) ändert das natürlich nichts.

[4]Neueste Erkenntnisse der Bio- und Quantenphysik und der Hirnforschung legen den Gedanken nahe, dass unser ganzer Körper, jede Zelle, Informationsträger und -vermittler und damit auch Geist ist.

Die **V**-Energie ist also von großer Bedeutung für ein Unternehmen, sie ist der Atem, ohne den es kein Leben gibt...

Aber:

Eine Garantie für den erfolgreichen Wandel ist sie nicht.

2.2 Integration

Eine Vision ohne Integration bleibt ein Traum. Während die Vision sich auf der logischen Verstandesebene entwickelt und sich dort als Gedanke zeigt, ist die Integration der innere Motor, der dem Visionär den Antrieb verschafft, die Vision auch zu realisieren. Je stärker er an seine Vision glaubt und sich seine innere Überzeugung zu einem Glaubensprinzip entwickelt, desto engagierter wird er sie unter die Leute bringen. Jetzt wird die Vision nicht mehr nur gedacht, sondern auch verbalisiert und **gefühlt!**

Sie ist integriert!

Es gibt Menschen, die sich verlieben und niemand erfährt davon, sie scheinen eher verträumt als verliebt zu sein. Doch der Visionär, der seine Idee voll integriert, sie verinnerlicht hat, spricht mit lauter und fester Stimme, die von keinerlei Zweifel beeinträchtigt wird. Dies wird durch das Leuchten seiner Augen noch ergänzt und jeder Empfänger seiner Botschaften ist geneigt, sich ihm anzuschließen.

Hier zeigt sich jetzt das Besondere und Wichtige am V-I-S-E®-Faktor INTEGRATION, er ist **multiplizierbar**. Visionäre gibt es nur wenige, man kann sie nicht multiplizieren, aber Menschen, die sich von Visionären anstecken lassen, gibt es Millionen. Mehr als 70 Prozent der Menschheit sind bereit, einem Visionär zu folgen und ihm dabei zu helfen, seine Vision zu realisieren.

Es sind die Mitarbeiter, Angestellten und Führungskräfte, die gerne einem Visionär folgen, allerdings nur unter der Bedingung, dass sie sich für seine Vision begeistern können und diese ihnen Sicherheit gibt. Hier liegt der wahre Schatz begraben, den nur wenige Unternehmer zu heben wissen.

Denn wenn ihre eigenen Überzeugungen stark sind, sie diese aber an ihre Mitstreiter nicht ausreichend glaubhaft kommunizieren können, werden sie nie wirklich engagierte Mitarbeiter haben.

Ohne echtes Commitment[5] sind großartige Erfolge nicht zu haben. Jeder Hochleistungssportler weiß, dass er ohne ein umfassendes Commitment nie auf dem Treppchen landen wird. Der Physiotherapeut schafft die physiologischen Voraussetzungen. Der Mentaltrainer, manchmal auch Coach[6] genannt, sorgt für den psychologischen Teil, die mentalen Gewinnerstrategien, in dem er dem Coachee[7] hilft, seine **I**-Energie zu mobilisieren. Diese wiederum gedeiht am besten in einem guten (Betriebs-)Klima.

2.2.1 Die I-Energie

„Das, woran Du glaubst, ist das,
was Du wirklich integriert hast
und genau danach geschieht Dir!“

Das **I** steht für **I**ntegration. Doch wer oder was wird hier integriert? Welche Art von Energie steckt dahinter? Es ist die „Ich-mache-mit-Energie“, die dann entsteht, wenn die Mitstreiter, Mitarbeiter, Mitglieder etc. die Ideen der Visionäre und die selbst gegebenen **I**-Regeln[8] integrieren, also übernehmen, sich sozusagen infizieren.

Je größer die **I**-Energie ist, um so größer ist die Umsetzungs- oder Beteiligungsquote und um so geringer die Fehlerquote bei der Umsetzung. **I** steht daher auch für **i**ntrinsische Motivation, also die, die von innen kommt.

Wenn die Beteiligten oder Mitglieder den „Glauben“ an die Idee verlieren, stirbt die Motivation und nicht selten auch die soziale Einheit (Unternehmen, Verein etc.), es sei denn, neue Ideen werden entwickelt und integriert.

Erinnern wir uns: „Es gibt keine Schöpfung ohne Idee!“

[5] engl. = tiefe innere Überzeugung, fester Glaube, absolute Hingabe

[6] Coachinggeber

[7] Coachingnehmer

[8] Die Unternehmensleitsätze, inkl. Konsequenzen bei Nichtbeachtung

Jedoch, eine Vision, eine Idee ohne festen Glauben hat keine Aussicht auf nachhaltiges Gelingen! **I** ist also auch das Maß für „COMMITMENT“, der feste Glaube, die tiefe Überzeugung an das Gelingen. Commitment beinhaltet zwar Motivation, ist aber mehr, stärker und nachhaltiger als diese.

Welche Faktoren lassen erkennen, ob genügend **I**-Energie vorhanden ist?

1. Wie wohl und sicher fühlen sich die Mitglieder in „ihrer“ sozialen Einheit?
2. In welchem Maße denken sie in WIR oder in welchem Maße verfolgen sie nur persönliche (Karriere-)Ziele?
3. Gibt es geschriebene Leitsätze für den Umgang miteinander?
4. Wird der V-I-S-E®-Konflikt konstruktiv genutzt oder destruktiv benutzt?
5. Gibt es so etwas wie einen festen, unbeirrbaren Glauben an die Vision oder an die „Community“?
6. Wie stark ist der Glaube an die ganz persönlichen Fähigkeiten?

Wer alle vorstehenden Frageansätze für seine soziale Einheit im positiven Sinne beantworten kann, hat sehr gute Karten für die Umsetzung.

Aber:

Eine Garantie für den erfolgreichen Wandel ist sie nicht.

2.3 System

Auch wenn sich eine Vision mit einem integrierten Commitment in die Realität bringen lässt, ist es von besonderer Bedeutung, dass sie bei der Umsetzung von einem möglichst effizienten System begleitet und organisiert wird. Doch:

„Effizienz mit System macht die Menschen bequem!“
„Systemische ***und*** *systematische Effizienz ist die Konsequenz!“*

Wer bei der Umsetzung Ressourcen (Geld, Material, Manpower etc.) verschwendet, hat wenig Aussicht auf den Erfolg seiner Vision.

Es gilt also, die Geschäftsabläufe so zu gestalten, dass sie einerseits den vorgegebenen Gesetzen und Normen entsprechen und anderseits mit einem hohen Maße an Effizienz umgesetzt werden. Ein hoher Wirkungsgrad bei der Nutzung der Ressourcen ist hier also der Fokus.

Dazu gehören Fachwissen und Freude an der Perfektion. Kritisches Hinterfragen von Lösungsansätzen ist genauso wichtig wie das Verfeinern von bereits bestehenden Regeln.

Genau hier liegt der Hase im Pfeffer. So wichtig wie die Systematisierung der Geschäftsabläufe zu Beginn der Realisierung einer Vision ist, so gefährlich ist sie nach Erreichen des optimalen Wirkungsgrades.

Sie **S**-Energie entwickelt eine Eigendynamik, die in ihrer Natur liegt. Die **S**-Energie ist so sehr in sich selbst verliebt, dass sie nahezu alles regeln möchte, Sicherheit und Kontrolle sind ihre großen An- liegen. Während für die **I**-Energie Vertrauen eine ganz große Rolle spielt, zählt für die **S**-Energie vornehmlich Misstrauen und Kontrolle.

Ihre Stärke liegt in der begründeten Argumentation und einer ausgefeilten, nicht selten destruktiven Rhetorik, welche sich häufig gegen die konsensorientierte **I**-Energie durchsetzt.

Die **I**-Energie will Harmonie, die **S**-Energie will Recht haben. Im Gegensatz zur **V**-Energie will sie Fehler vermeiden. Spätestens mit der **S**-Energie wird der V-I-S-E®-Konflikt geboren, der konstruktiv gestaltet werden kann, wenn man ihn versteht.

Wer ihn nicht versteht, geht auf Dauer an ihm zugrunde. Wahre Kybernetiker haben die richtigen Sensoren und Werkzeuge zur Steuerung des V-I-S-E®-Prozesses, statt von ihm gesteuert zu werden. Schauen wir uns weitere Komponenten der **S**-Energie an:

2.3.1 Die S-Energie

„Wer zu spät an die Kosten denkt, ruiniert sein Unternehmen. Wer zu früh an die Kosten denkt, tötet die Kreativität."
Phillip Rosenthal - Unternehmer

Das **S** steht für die **S**-Energie und ihrem Bedürfnis nach **S**ystematisierung und Sicherheit. Entscheidungen und Handlungen sollen möglichst in eine berechenbare Routine gebracht und mit einem hohen Wirkungsgrad umgesetzt werden.

Hier wird also Wert auf Effizienz gelegt. Eine wichtige Seite der **S**-Energie ist das Prüfen und Überprüfen auf Rechtmäßigkeit, Wirkungsgrad und Bezahlbarkeit. Man könnte sie auch als „Ja-Aber-Energie“ bezeichnen. Hier wird auf Grenzen geachtet, die meist vom Außen gesetzt wurden und die im Inneren wirken.

Die **S**-Energie steht auch für Überwachung, Kontrolle und **S**anktionen. Ihrer Natur nach setzt sie den **V**-, **I**- und **E**-Energien immer wieder Grenzen und wenn ihr Einfluss in einem Unternehmen zu groß wird, frisst sie nach und nach die anderen Energien und (zer-)stört das Unternehmen oder die soziale Einheit.

Daher die Warnung!
„S frisst V, I und E“

Die **S**-Energie zeigt sich als *junges* **S**, in dem sie ihren Hauptfokus auf die Verfeinerung der Prozesse legt und sich immer wieder selbst erneuert, ohne dabei besonders zu wachsen. Ein junges **S** hat sogar die Fähigkeit, sich selber zu reduzieren und fördert die Flexibilität in sozialen Einheiten.

Ein *altes* **S** ist für jede soziale Einheit ein bedrohliches **S**, es bewahrt einmal aufgestellte Regeln und hat seinen Hauptfokus auf das Bewahrende oder gar Verschärfende alter Regeln und schränkt so die Flexibilität im Unternehmen zunehmend ein.

Dafür benutzt es eine ausgefeilte Rhetorik sowie Sanktionen. Mobbing ist eine Form eines alten **S**, vor allem, wenn es keine **I**-Regeln des Umgangs miteinander gibt.

Die **S**-Energie akkumuliert sich selbst, wächst nahezu selbstständig und erfindet sich selber immer wieder neu. Sie verhält sich wie eine Krebszelle, sie wächst und wächst und vernichtet zum Schluss ihren Wirt und dann sich selbst.

Die vornehmliche Aufgabe in der Unternehmenskybernetik besteht in einer wachsamen Beobachtung und einer regelmäßigen Neubewertung der **S**-Energien im Unternehmen, um einem vorzeitigen Alterungsprozess entgegenzuwirken. Unter dieser Maßgabe wird **S** zu einer sehr wertvollen Energie.

Aber:

Eine Garantie für den erfolgreichen Wandel ist sie nicht.

2.4 Ergebnisse

„Deine Erfolge sind der Spiegel Deines Bewusstseins,
Dein Bewusstsein prägt Deine Ergebnisse!“

Jetzt geht es um die Wurst, die vorher nur gedacht, erwünscht, konzipiert und jetzt gegessen werden soll. „Der Input bestimmt den Output", sagt Karl Pilsl[9].

Ohne befriedigende Ergebnisse wird jedes Unternehmen sterben. Erst wenn die produzierten Ergebnisse die Beteiligten, Unternehmer, Führungskräfte, Mitarbeiter und natürlich die Kunden zumindest zufrieden stellen, hat ein Unternehmen eine Chance zu überleben.

Dies scheint eine Binsenweisheit zu sein und dennoch haben Insolvenzen Hochkonjunktur. Spätestens daran wird deutlich, dass die Faktoren, die zum Erfolg führen, weder ausreichend bekannt, noch ausreichend beachtet und gepflegt werden. Die meisten Menschen sind zu sehr ergebnisorientiert und zu wenig nutzenorientiert.

„Wie viel Umsatz macht Ihr? „Wie viel verdienst Du? „Welches Auto fährst Du? „Wo wart Ihr im Urlaub?" u.s.w.

Die Imageorientierung und die Ergebnisorientierung sind kaum von einander zu trennen. Die Egopflege passt auch in dieses Feld. Haben-Wollen und Image sind Aspekte, die nicht immer in die Nutzenorientierung passen.

Es liegt in der Natur der **E**-Energie, dass sie eher am konkreten Tun orientiert ist und nicht so sehr an Werten, Ethik und Moral.

Hier treffen wir die Macher, die Workaholics, Menschen, für die Arbeit mehr Spaß macht, als das Vergnügen selbst. Hier finden wir auch den Kaufmann, der um jedes Prozent Gewinnspanne kämpft und den Kundenberater, der seine Sache so ernst nimmt, dass der Kunde gar nicht anders kann, als zu kaufen.

---

[9]Wirtschaftsjounalist, www.wirtschaftsrevolution.de

Im günstigen Fall steht hier effektives Nutzenbringen im Fokus, doch nicht selten zu Lasten der Effizienz. Auch dieser Konflikt lässt sich wunderbar mit der V-I-S-E®-Systematik analysieren und lösen.

2.4.1 Die E-Energie

„Der eine wartet, dass die Zeit sich wandelt.
Der andere packt sie kräftig an und handelt."
Dante Alighieri

Die **E**-Energie ist eine ergebnisorientierte Energie. Hier geht es um **E**ffektivität, **E**ngagement, dem **E**rzielen deutlicher **E**rgebnisse und Resultate. Machen und Tun ist angesagt, wobei der Kunde im Mittelpunkt steht.

Deshalb ist die **E**-Energie auch die Verkäufer-Energie. Denn für die klugen **E**-Verkäufer gilt folgende Definition:

„Verkaufen heißt, jemand zu einer Handlung zu bewegen, die seine und meine Lebensqualität steigert!"

Eine starke **E**-Energie ist oft auch mit einer starken **I**-Energie verknüpft, denn aus dieser schöpft sie den Glauben an das Produkt und das eigene, sinnvolle Tun.

Sie ist aber auch ein Zeichen eines kraftvollen Selbstverständnisses und der Freude am Handeln. Das Maß der **E**-Energie zeigt sich natürlich auch an der Profitabilität eines Unternehmens.

Die Macher-Mentalität der **E**-Energie ist grundsätzlich sehr stark, man könnte sie auch als Hier-und-Jetzt-Mentalität bezeichnen.

Sie hat es schwer, sich auf Veränderungen und mentalen Wandel einzulassen. Intellektuelle, vergeistigte Betrachtungsweisen sind der praxisorientierten **E**-Energie sehr suspekt.

Sie ist die Energie der Praktiker, Theoretisieren und Philosophieren überlässt sie der **V**-Energie, den Träumern und Visionären.

Entsprechend zögerlich und kritisch stehen die sonst so tatkräftigen *Rambos* Neuerungen gegenüber.

Allerdings ist die **E**-Energie auch die Feuerwehr-Energie, sie erkennt schnell Lösungen, wenn es brennt oder klemmt, hier wird blitzschnell gehandelt und nicht diskutiert, sie ist der Treibriemen, der soziale Einheiten in Schwung hält, wenn sie in ausreichendem Maße vorhanden ist.

Aber:

Eine Garantie für den erfolgreichen Wandel ist sie nicht.

2.5 Der V-I-S-E®-Konflikt

Jedes Unternehmen ist von einem kontinuierlichen V-I-S-E®-Konflikt begleitet. Es ist wie der Kampf zwischen den vier Gladiatoren die da heißen: **V**, **I**, **S** und **E**.

Jeder fühlt sich als wichtig, mit Recht. Nur, gewinnt einer von ihnen, verlieren alle zusammen und dann gibt es das Unternehmen irgendwann nicht mehr. Im günstigsten Falle verletzen sie sich nur gegenseitig oder nur einen von ihnen, dann ist das Unternehmen zwar krank und angeschlagen, muss aber noch nicht sterben.

Genau hier kann das V-I-S-E®-Modell helfen, den häufig destruktiven Konflikt konstruktiv zu gestalten. Hier fängt wahre Unternehmenssteuerung = Unternehmenskybernetik an. V-I-S-E®ist erstmals in der Lage, den Unternehmenssteuerer, den lernenden

Kybernetiker, in die Lage zu versetzen, rechtzeitig zu erkennen, wenn es zu einer Schieflage im Kampf der Gladiatoren kommt.

Das heißt, der Gladiator, der schwächelt und droht zu verlieren, wird gefördert und gestärkt, so dass alle wieder gleich stark sind, um sich auf den Kampf mit dem Markt und den Wettbewerbern zu konzentrieren, statt ihre Energien im internen Gegeneinander zu verschwenden.

Der V-I-S-E®-Konflikt muss blühen und immer wieder neu konstruktiv gesteuert werden. Wer das versteht, hat beste Chancen mit seinem Unternehmen erfolgreich zu bleiben. Wer Ruhe im Unternehmen haben möchte, wird sie vielleicht schneller bekommen, als im lieb ist, spätestens dann, wenn der Insolvenzverwalter das Licht ausmacht.

Der bewusste Einsatz des V-I-S-E®-Systems kann dafür sorgen, dass die V-I-S-E®-Verhältnisse so ausgeglichen wie möglich sind. Diese Ausgeglichenheit, wie wir sie auch von starken Persönlichkeiten her kennen, ist der Schlüssel zu nachhaltigem Erfolg und einer langen, ja sogar ewigen Jugend eines Unternehmens.

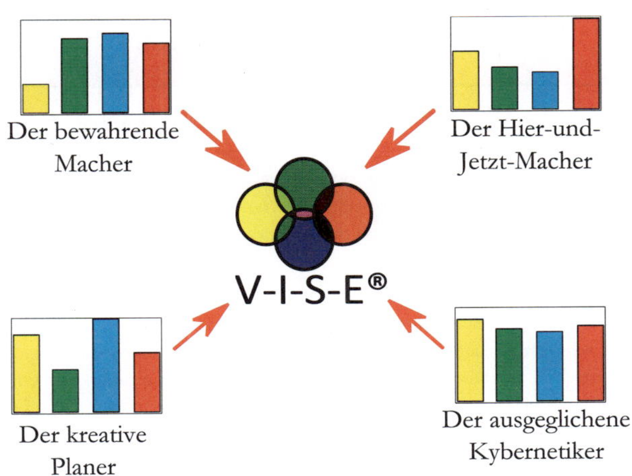

Abbildung 2.2: Konstruktiv oder destruktiv?

2.6 Die fünf Stufen der Kommunikation

Die nachfolgende Grafik gibt eine erste Übersicht, in welcher Kommunikationsstufe wir uns (manchmal) befinden und mit welcher sich der V-I-S-E®-Konflikt konstruktiv steuern lässt.

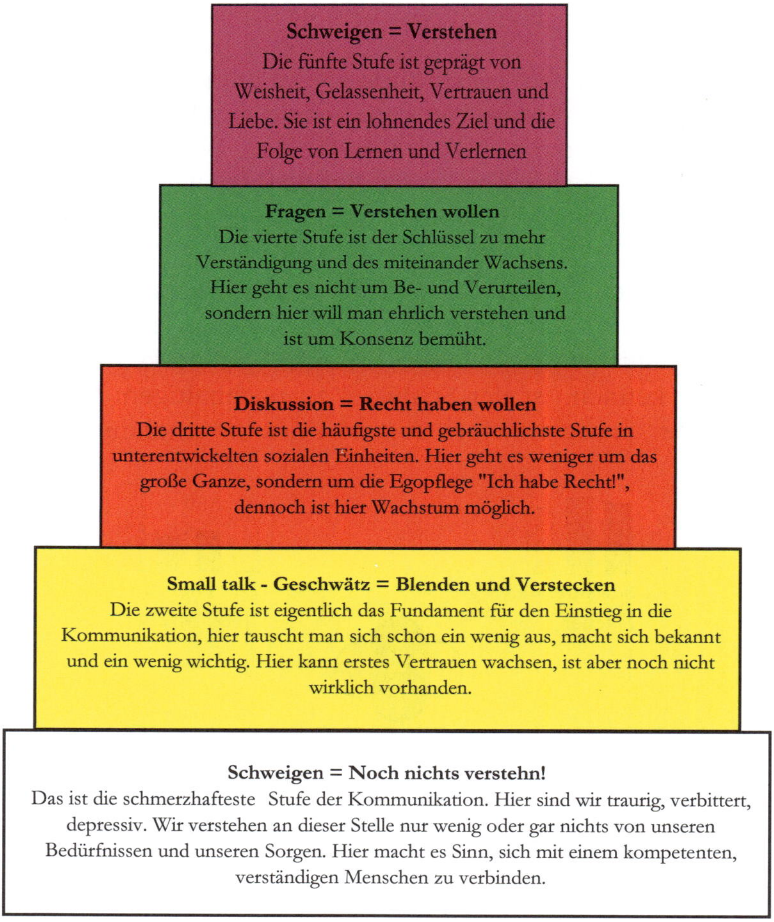

Schweigen = Verstehen
Die fünfte Stufe ist geprägt von Weisheit, Gelassenheit, Vertrauen und Liebe. Sie ist ein lohnendes Ziel und die Folge von Lernen und Verlernen

Fragen = Verstehen wollen
Die vierte Stufe ist der Schlüssel zu mehr Verständigung und des miteinander Wachsens. Hier geht es nicht um Be- und Verurteilen, sondern hier will man ehrlich verstehen und ist um Konsenz bemüht.

Diskussion = Recht haben wollen
Die dritte Stufe ist die häufigste und gebräuchlichste Stufe in unterentwickelten sozialen Einheiten. Hier geht es weniger um das große Ganze, sondern um die Egopflege "Ich habe Recht!", dennoch ist hier Wachstum möglich.

Small talk - Geschwätz = Blenden und Verstecken
Die zweite Stufe ist eigentlich das Fundament für den Einstieg in die Kommunikation, hier tauscht man sich schon ein wenig aus, macht sich bekannt und ein wenig wichtig. Hier kann erstes Vertrauen wachsen, ist aber noch nicht wirklich vorhanden.

Schweigen = Noch nichts verstehn!
Das ist die schmerzhafteste Stufe der Kommunikation. Hier sind wir traurig, verbittert, depressiv. Wir verstehen an dieser Stelle nur wenig oder gar nichts von unseren Bedürfnissen und unseren Sorgen. Hier macht es Sinn, sich mit einem kompetenten, verständigen Menschen zu verbinden.

Abbildung 2.3: Die fünf Stufen der Kommunikation

Die Matrix kann helfen, den V-I-S-E®-Konflikt in der Kommunikationsstufe konstruktiv zu begleiten, die hierfür am besten geeignet ist, nämlich mit der grünen Stufe 4.

Wer sein Gegenüber so fragt, dass er spürt, dass wir ihn verstehen wollen, statt ihn zu verurteilen, wird dieser uns gerne antworten.

Wer aber nach wie vor die rote Stufe 3 missbraucht, um den anderen zu verurteilen oder ihm zu erklären, wie wenig er weiß oder wie dumm er ist, wird eher destruktiv in seiner Wirkung sein als konstruktiv. Natürlich sind auch auf der roten Stufe 3 Erkenntniszuwächse möglich, aber zu welchem Preis?

Dem Preis von schlechten Gefühlen. Hier gibt es dann nur noch Gewinner und Verlierer, doch der Gewinner wird von seinen temporär guten Gefühlen des „Rechthabens“ nicht lange profitieren und ggf. später für die produzierten „schlechten“ Gefühle des Verlierers bezahlen müssen und das manchmal im Wortsinne, nämlich mit Geld. Geld, das durch eine erhöhte Fehlerquote und geringeren Erfolgen nicht herein kommt.

Die teuerste Kommunikationsstufe für Unternehmer und Führungskräfte ist daher die rote Stufe 3, die nicht selten sogar die niedrigste Stufe 1 auslöst. Mit der altruistischen Frageform der grünen Stufe 4 kann eine gute Führungskraft bzw. der Lebenspartner auch die Phase des „Nicht-Verstehens“ wieder bereinigen.

Übrigens, die gelbe Stufe 2 wird immer eine Kommunikationsstufe sein, die wir nutzen werden und die wir brauchen. Wann immer wir neue Gesprächspartner treffen, werden wir uns ihrer *bedienen*.

Die violette[10] Stufe 5 wird eher selten wahrgenommen. Wer meditiert, wird sie sicher öfter erleben, als jemand, der ständig vor sich hin plappert, sich ablenkt und entsprechend nicht in seine Mitte kommt.

In der Ruhe liegt hier die große Kraft der violetten Stufe 5.

[10] Violett gilt als Farbe des Geistes und der Spiritualität

Kapitel 3

Der Lebenszyklus

Organische Einzelwesen, Pflanzen, Tiere, Menschen müssen sterben, das scheint ein Naturgesetz zu sein. Die folgende Grafik gibt uns eine Idee, wie ewige Jugend für eine soziale Einheit aussehen kann, zeigt aber auch die Möglichkeiten des Sterbens, welche leider aus der Unkenntnis der Lebendigkeit von Prozessen immer wieder von Unternehmen genutzt werden.

Organische Wesen, die sich als soziale Einheit organisieren, müssen zwar als Einzelne, aber nicht als Einheit sterben. Dabei spielt die Organisationsform (Firma, Verein, Stiftung, öffentlich rechtliche Anstalt etc.) keine Rolle. Auch Sippen, Familien, Schwärme, Rudel etc. kann man getrost zu den organisierten, sozialen Einheiten zählen. Im Folgenden einige Beispiele:

Seit Jahrmillionen gibt es die soziale Einheit **Heringsschwarm**, auch wenn einzelne Mitglieder im Bauch einer anderen Spezies landen, der Heringsschwarm als soziale Einheit hat bis heute überlebt. Warum? Weil er es versteht, sich immer wieder zu regenerieren und anzupassen.

Soziale Einheiten, die sich aus Menschen rekrutieren, können, müssen aber nicht sterben, hier spielen Anpassungsfähigkeit und die Anzahl der Mitglieder ebenfalls eine wichtige Rolle.

Die soziale Einheit **China** existiert schon seit weit über 2.000

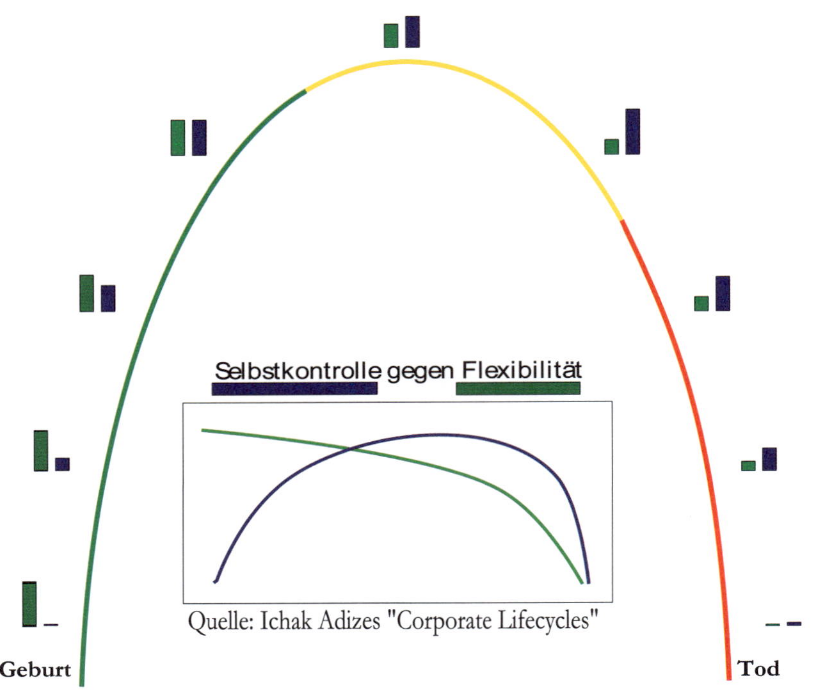

Abbildung 3.1: Wachsen, Altern und Sterben

Jahren. Die soziale Einheit **Römisch-Katholische Kirche** existiert ebenfalls seit fast 2.000 Jahren. Die Sippe der **Fugger** existiert als soziale Einheit seit mehr als 500 Jahren. Die soziale Einheit **Siemens** existiert seit mehr als 165 Jahren. Allerdings ist die bisherige Lebensdauer keine Garantie dafür, dass es auf ewig so weiter geht.

Je kleiner die Anzahl der Mitglieder einer sozialen Einheit ist, desto geringer ist offenbar die Chance, als Einheit zu überleben. Jedoch ist die Größe alleine auch nicht entscheidend. Es gibt Familienunternehmen, die bereits seit mehreren Generationen bestehen, ohne Gefahr zu laufen, vom Markt zu verschwinden.

Die Fähigkeit, sich den jeweiligen Gegebenheiten der Umwelt

rechtzeitig und flexibel anzupassen, scheint der wesentliche Erfolgsfaktor zu sein. In der Balance von Flexibilität und Selbstkontrolle liegt eines der Geheimnisse der ewigen Jugend für soziale Einheiten.

Ein Blick auf den Lebenszyklus zeigt, wie sich beide im Laufe der Zeit ent- bzw. verwickeln.

Ob ein Unternehmen rechtzeitig und flexibel auf die Umwelt reagiert hat, zeigt sich meistens erst im Nachhinein. Denn die übliche Maßeinheit für Erfolg ist nach wie vor das Geld, egal ob Taler, Dollar, EURO oder YEN. Diese Maßeinheit zeigt uns aber nur, was in der Vergangenheit richtig oder falsch gemacht wurde.

Businesspläne mit großen Erwartungen werden in der Regel mit Erfahrungswerten von gestern hoch- und schöngerechnet.

Analysten und Börsengurus versuchen mit raffinierten Algorithmen die Entwicklung von börsennotierten Unternehmen vorherzusagen. Banken, die Kredite an Unternehmen vergeben, beurteilen diese meistens nach den bisherigen Bilanzen, also mit dem Blick nach hinten und das, was sie sehen, veranlasst sie ggf. einen Kredit für die Zukunft zu vergeben.

Damit verhalten sie sich wie ein Kapitän, der auf dem Achterdeck eines Schiffes steht und den neuen Kurs nach dem bisher zurückgelegten Kielwasser bestimmt.

Lassen sich also die Perspektiven eines Unternehmens ohne betriebswirtschaftliche Daten von Gestern so ermitteln, dass sie ein weit höheres Maß an Wahrscheinlichkeit in ihren Aussagen vermitteln, welche sogar berechenbar und messbar sind? Eindeutig JA und zwar mit dem V-I-S-E®-System.

Sollten die Banken die V-I-S-E®-Aspekte mit in ihre betriebswirtschaftliche Betrachtungen aufnehmen, werden sie eine wesentlich geringere Stornoquote bei den vergebenen Krediten haben.

Die Lösung liegt in der Gesamtheit des Denkens und Fühlens eines Unternehmens, von der Putzfrau über den Verkaufsfahrer, Lagerarbeiter, Vertriebler, Produktionsmitarbeiter usw. bis zum Chef, egal ob Unternehmer, Inhaber, Vorstand oder Geschäftsführer.

Jedem Quantenphysiker ist diese Wirkung mittlerweile klar.

„Keine Schöpfung ohne Idee!"

Es ist also an der Zeit, dieses Wissen und das entsprechende Bewusstsein in die Führungsebenen zu bringen.

Es macht wenig Sinn, dem Kind, das in den Brunnen gefallen ist, hinterher zu schauen. Es könnte deutlich sinnvoller sein, die Ursachen und Hintergründe vorher zu untersuchen, warum Kinder üblicherweise in den Brunnen fallen und analog die Kraft des Schöpfergeistes in einem Unternehmen zu analysieren. Denn in der Relation zwischen Glauben und Nichtglauben der Unternehmensbeteiligten steckt die Wurzel der Unternehmensschöpfung. (siehe Kapitel 7 „Commitment und Angst")

„Euch geschehe nach Eurem Glauben!"[1]

Mit der V-I-S-E®-Systematik haben wir heute genau diese Möglichkeit, nämlich das Commitment und drei weitere Faktoren zu untersuchen und zu messen. Alle bisher durchgeführten V-I-S-E®-Analysen standen nie im Widerspruch zu den Bilanzen oder anderen betriebswirtschaftlichen Daten, von den analysierten Abteilungen in großen Konzernen bis zu den Analyseergebnissen mittlerer und kleinerer Unternehmen.

Aber sie haben in besonderer Weise Erklärungen für interne Engpässe geliefert und zwar immer dort, wo es bisher keine Erklärungen gab bzw. allenfalls externe Faktoren (Markt, Politik etc.) als Gründe herhalten mussten.

Diese internen Erkenntnisse und Erklärungen waren dann auch geeignet, der Geschäftsleitung Lösungsansätze zu offenbaren, mit denen sie das Unternehmensschiff unmittelbar wieder in optimales Fahrwasser lenken konnten. Sie wurde wieder zum Akteur und konnte die Opferrolle verlassen.

[1] Matthäus 9.29

Schauen wir einmal näher auf die Kriterien und Einflüsse, die den Prozess im Lebenszyklus von sozialen Einheiten generell und speziell von Unternehmen beeinflussen:

3.1 V-I-S-E®-Analogien im Lebenszyklus

Die nachfolgende Grafik gibt einen Überblick darüber, wie sich die V-I-S-E®-Verhältnisse, die vier Säulen eines Unternehmens (im Kapitel 2 näher erläutert) im Lebenszyklus einer sozialen Einheit = Unternehmen, verändern und das Unternehmen wachsen, altern oder sterben lassen.

Hier zeigt sich auf besondere Weise einerseits der natürliche Prozess vom Wachsen, Altern oder Sterben und andererseits, wie Engpässe im Lebenszyklus überwunden werden müssen, um als Unternehmen ewig jung zu bleiben.

Es werden bewusst Bilder, also Analogien, z.B. „Das Kind" aus dem Leben genommen, um die Wachstums- und die Alterungsprozesse noch deutlicher zu machen.

Das V-I-S-E®-System passt zu der „Engpasskonzentrierten Strategie" (EKS) von Prof. Wolfgang Mewes[2], zeigt aber auch die lebensbedrohlichen Auswüchse und Tumore, die das Unternehmen gefährden und in besonderer Weise die Prozesse, in dem sich alle sozialen Einheiten ohne Ausnahme befinden.

Die Lösungsansätze aus diesen Erkenntnissen ergeben sich geradezu zwangsläufig, wenn das V-I-S-E®-Prinzip verstanden wird. Die Wechselwirkungen dieser Prozesse werden im Kapitel 7 eingehend beschrieben.

[2] www.wolfgangmewes.de

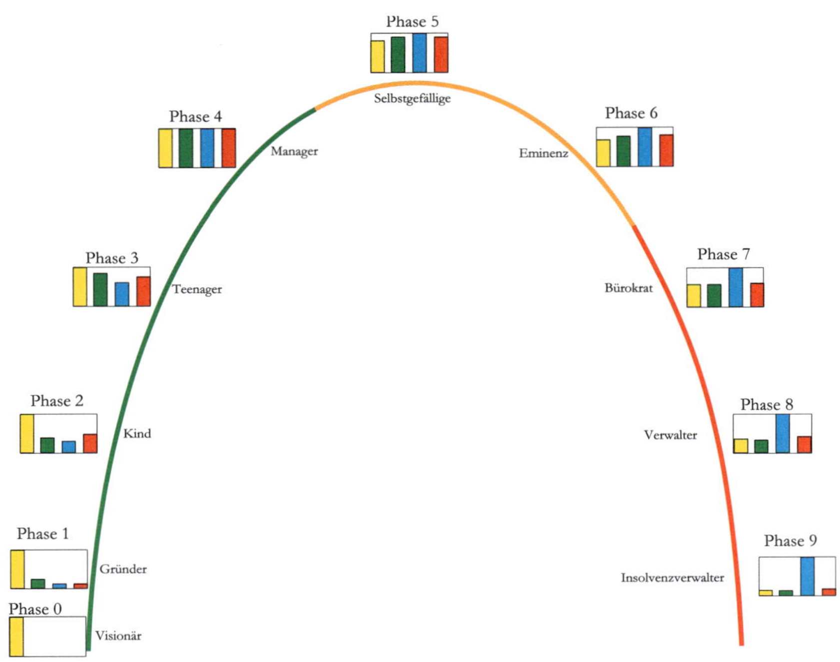

Abbildung 3.2: Analogien der V-I-S-E®-Phasen im Lebenszyklus

3.1.1 Phase 0 - Der Visionär -

Eine Idee ist geboren und entwickelt sich zur Vision. Schlaflose Nächte, endlose Diskussion mit Partner, Freunden, Kunden etc. sind typisch in dieser Phase. Viele „Ja aber..." muss der Visionär überstehen. Das ist eine Art Spießrutenlauf[3] für ihn, übersteht er diesen, heißt es, dass er immer noch von seiner Idee überzeugt ist.

Jetzt wird er seine Vision in die Welt bringen und in die Phase 1 eintreten. Jetzt hat er die erste Prüfung bestanden und das Leben wird ihm noch einige mehr auferlegen. Übersteht er den Spießrutenlauf nicht, war das Ganze eher eine Affäre und nicht mehr der Rede oder weitere Aktionen wert.

3.1.2 Phase 1 - Der Existenzgründer -

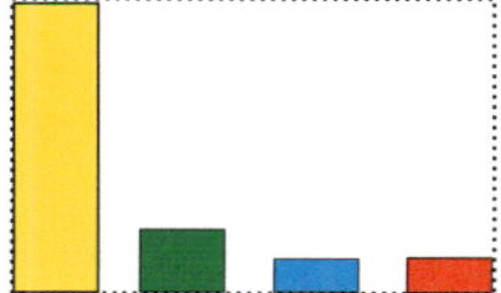

Brennt der Visionär jedoch weiter für seine Vision, macht er sich ans Werk, baut einen Prototypen (falls es sich um die Erfindung einer Maschine handelt), meldet sein Gewerbe beim Finanzamt/Gewerbeaufsichtsamt an oder lässt sein Unternehmen ins Handelsregister eintragen.

[3] militärische Leibesstrafe des 18. Jahrhunderts

Jetzt ist er ein **Existenzgründer** und sehr motiviert, gepaart mit der Angst vorm Scheitern. Deshalb ist sein **I** noch nicht wirklich groß, die schlaflosen Nächte bleiben noch ein wenig, nur seine Gedanken ändern sich und wandeln sich zu Taten.

Sein **S** besteht aus einem Schuhkarton, in dem die Belege gesammelt werden und vielleicht gibt es sogar schon ein Kassenbuch. Das **E**, also das Einkommen, ist ebenfalls nicht nicht wirklich vorhanden und deckt keinesfalls den Geldbedarf. Aber Kundenanfragen können durchaus schon da sein und die Kundenorientierung wächst. Er ist etwas unsicher, aber er wagt die nächsten Schritte und kommt damit in die nächste Phase.

3.1.3 Phase 2 - Das Kind -

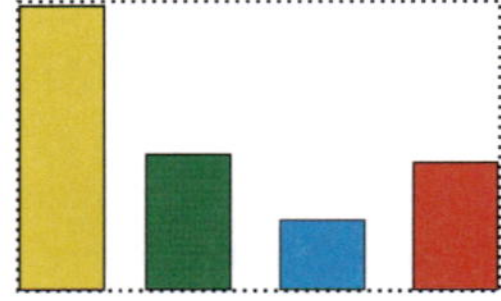

Jetzt fängt es schon an, allen Beteiligten etwas Spaß zu machen, denn es läuft schon ein wenig und das **I** wächst. Die **ersten** Schritte sind gemacht, wenn auch etwas unsicher, aber es scheint wirklich zu laufen. Eine gewisse Unschuld ist auch typisch für diese Phase, man glaubt noch an das Gute und hat noch keine Idee vom „Haifischbecken".

Das **S** ist vielleicht schon zu einem Freeware-Buchhaltungsprogramm mutiert und die Fertigungs- oder Geschäftsabläufe werden Stück für Stück optimiert. Erste Rechnungen an Kunden wurden sogar von diesen bezahlt und auch das **E** und die Kundenorientierung wachsen nachhaltig.

Im Übergang zur nächsten Phase 3 kann es auch schon einmal zu Überschwang und Euphorie kommen.

3.1.4 Phase 3 - Der Teenager -

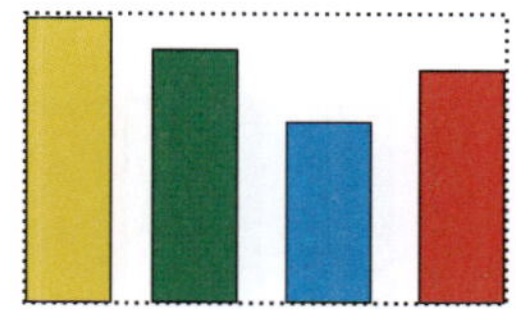

Jetzt geht die Post ab, jeder im Unternehmen spürt die Aufbruchstimmung, die letzten Zweifel sind verschwunden, das **I** hat sich fast zur vollen Größe aufgeschwungen. Alle sind begeistert. Die Buchhaltung und die Geschäftsabläufe haben die Kinderkrankheiten überstanden. Auch mit dem Cashflow geht es voran. Die Kunden sind glücklich, denn so wie sie die Firma schätzen, schätzen die Unternehmensbeteiligten die Kunden.

Nur mit dem Reingewinn hapert es noch ein bisschen, der Hunger der Verbindlichkeiten ist noch ziemlich groß und der Finanzbedarf für Fortbildung und Investitionen auch. Es fehlen noch Erfahrungen im Umgang mit den „Erwachsenen“, den etablierten Einrichtungen, wie dem Gewerbeaufsichtsamt, der IHK, der Berufsgenossenschaft, der Gewerkschaft etc. und ständig kommen neue Vorgaben und Forderungen.

Das nervt ein wenig. Kluge Teenager lassen sich von erfahrenden Coaches und Beratern unterstützen. Auch ein besonderer jugendlicher Elan, kann langjährige Erfahrungen nicht ersetzen und Intelligenz zeigt sich auch dadurch, dass man nicht alle Fehler selber macht. Mit etwas Glück hat der Chef sogar einen Coach oder Mentor, einen alten Hasen, der selbst lange in der Branche tätig war. So kann aus dem jungen Unternehmen ein erwachendes, man könnte auch sagen, ein erwachsenes werden und in die Phase 4 kommen.

3.1.5 Phase 4 - Der Manager -

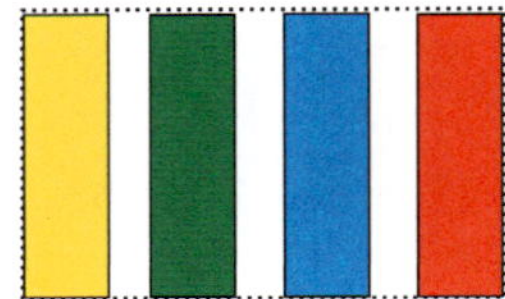

Jetzt haben wir ein gestandenes Unternehmen vor Augen, alle V-I-S-E®-Aspekte sind ganz nach Lehrbuchart erfüllt. **V** sprüht immer noch vor Ideen, alle sind gut drauf (**I**), die Produktions- und Geschäftsabläufe funktionieren vorbildlich (**S**) und die Kohle stimmt (**E**): „Money poures in[4]!" Aber statt diese zu konsumieren in Form von größeren Autos, First-Class-Reisen und einem neuen Hauptgebäude, werden die Gewinne in das eigene Unternehmen reinvestiert und in Beteiligungen an „Teenager-Unternehmen" der Phase 4 gesteckt.

Im günstigsten Falle wird von der Unternehmensleitung erkannt, dass ein gesunder Organismus immer nur soviel erzeugt, wie er für sich selbst braucht.

Wo gibt es solche Unternehmen? Genau, im Lehrbuch. Diese Traumphase wird hin und wieder von Unternehmen zeitweise erreicht, aber es liegt in der Natur des Menschen und der Wandlungsprozesse, dass nichts so bleibt wie es ist. Auch die ausgeglichene Manager-Phase macht davon keine Ausnahme.

Die Herausforderung für jeden Unternehmer heißt, wachsam zu bleiben für die Symptome des Missmanagements, die sich in den folgenden Phasen erst langsam, fast unmerklich und dann immer heftiger zeigen und bei Nichtbeachtung den Alterungs- und vielleicht sogar den Sterbeprozess einleiten.

3.1.6 Phase 5 - Der Selbstgefällige -

Langsam entwickelt sich eine Form von Hochmut in den Führungsetagen und Selbstzufriedenheit bei den Mitarbeitern. Denn es läuft gut, man ist wer am Markt, hat hohe Marktanteile und auf den Messen hat man Ehrengäste, die sich durchfuttern. Die Liquidität und die Eigenkapitalquote sind hoch.

Unternehmensberater haben es an dieser Stelle schwer. „Wir verdienen gutes Geld und sind hervorragend am Markt platziert." So oder ähnlich könnte es mit dem Tenor „Kein Bedarf!" klingen.

Die Stagnation oder der leichte Rückgang bei den Umsätzen und den Produktionszahlen wird mit der Konjunktur und den allgemeinen Marktbedingungen erklärt und aufgrund der Marktdominanz mit Preiserhöhungen kompensiert, so dass der Gewinn sogar noch steigt. Return on Investment (ROI) lässt grüßen und der Fokus liegt auf den Shareholdervalue.

Der Kunde verkommt zum Umsatzvehikel. Investitionen in neue Produkte werden verschleppt oder nur mäßig getätigt. Die Risiken von neuen Markteinführungen werden als zu groß betrachtet und man verlässt sich auf die Superprodukte von gestern. Schließlich hat man einen Namen zu verteidigen.

[4] „Geld kommt rein!"

3.1.7 Phase 6 - Die Eminenz -

Die Liquidität und die Eigenkapitalquote sind immer noch hoch. Dennoch beginnt es jetzt ernst zu werden, weil die Chefs in den klimatisierten, mahagonigetäfelten Büros das selbst produzierte kalte Klima am Markt noch nicht wirklich erkennen oder gar *wahrhaben* wollen..

Sie sind weit von der Realität des POS[5] entfernt. Die Eminenzen in den obersten Etagen sind durch mehrere Assistentinnen von der Realität abgeschirmt. Gespräche und Auseinandersetzungen der Geschäftsleitung finden meist nur auf höchster Ebene statt.

Der Blick ist auf den Shareholdervalue gerichtet und Einladungen zu VIP-Events und Vernissagen vernebeln die Sicht für die Realität. Das neue Headquarter wird eingeweiht, VIP-Gäste aus Kultur und Politik bilden den Rahmen.

Es wird immer noch gutes Geld verdient, der Gewinn steigt sogar, denn die Investitionen sind längst abgeschrieben. Freiwillige Zusatzleistungen für die Mitarbeiter werden eingefroren und die Shareholder sind immer noch happy.

Die **I**-Stimmung da *Oben* ist noch ganz gut. Aber die Mitarbeiter können sich nicht mehr so ohne Weiteres mit den Unternehmenszielen identifizieren.

Sie fühlen sich weit entfernt von der Führung. Deshalb ist das Betriebsklima **I** ähnlich wie die Innovationskraft **V** geschrumpft und **E** zeigt auch deutliche Einbrüche, die immer noch mit den üblichen Erklärungen (Markt, Wetter, Politik etc.) mit Eloquenz von der Chefetage bis ins mittlere Management schöngeredet werden.

[5]Point of sale = der Moment oder der Ort des Verkaufs

Die Administration, das **S**, wirkt natürlich weiterhin perfekt, dank neuester IT-Ausstattung und der eingespielten **S**-Mitarbeiter, die funktionieren und alles im Griff haben.

Auch an dieser Stelle haben es Unternehmensberater schwer (s. unter Phase 5). Allenfalls renommierte, teure, internationale Beratungsunternehmen haben ggf. eine Chance, dem Vorstand bei der Vorbereitung und Erläuterung von unangenehmen und unpopulären Maßnahmen Beistand zu leisten. Doch spätestens in der Phase 7 wendet sich das Blatt. Als V-I-S-E®-Berater dürfte es dann leichter sein, diese Zielgruppe zu begeistern, weil die V-I-S-E®-Methode schnell, kostengünstig und im höchstem Maße nutzenorientiert ist.

3.1.8 Phase 7 - Der Bürokrat -

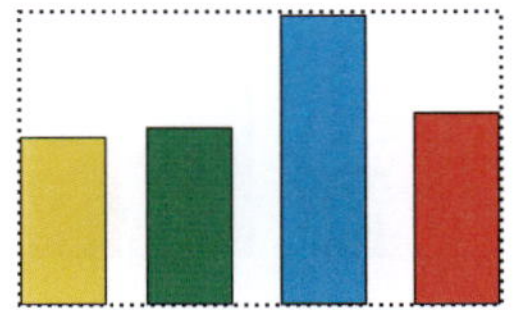

Jetzt kommt Bewegung in die Chefetage. Während bislang die Erklärungen für die Lage im Außen gesehen wurden, geht man jetzt auch auf die Suche im Inneren.

Doch wer glaubt, dass die Führung die Ursache bei sich selbst sucht, irrt. Auch wenn es eine Binsenweisheit ist, dass der Fisch am Kopf anfängt zu stinken, rollen erst einmal andere, im Geruchsverdacht stehende Köpfe in den unteren Rängen.

Da wären z.B. der Vertriebsleiter, schließlich gehen die Verkäufe zurück und der Marketingleiter, der wurde sowieso sehr unbequem bei den letzten Besprechungen. Hier muss mal ein neuer Besen her, denn die kehren bekanntermaßen gut.

Die starke **S**-Energie hat jetzt das Unternehmen in den Griff genommen. Die letzten guten kreativen Kräfte riechen den Braten und wechseln zum Wettbewerber, die sicherheitsbewussten Beamtencharaktere bleiben. Im Unternehmen richtet sich fast alles nur noch nach den internen Vorschriften und kaum noch nach den Kundenwünschen.

Entscheidet sich die Unternehmensleitung an dieser Stelle, einen erfahrenen V-I-S-E®-Berater zu engagieren, wäre sie im wahrsten Sinne des Wortes gut beraten.

Lässt sie sich stattdessen auf klassische Bilanzverschönerungstricks, wie Headcount = Köpfe zählen, d.h. Entlassungen im großen Stil und andere altbackende Rezepte ein, gibt es gute Chancen auf die Phase 8.

3.1.9 Phase 8 - Der Verwalter -

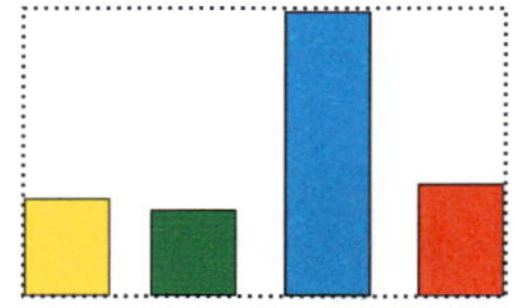

Oh, jetzt heißt es wohl Abschied zu nehmen, denn ob hier noch was zu retten ist? Die Bemühungen, **V** zu stärken, wenn es sie denn überhaupt gegeben hat, sind offenbar fehlgeschlagen. Die Führung beschränkt sich auf die Verwaltung der noch bestehenden Ressourcen, die Mitarbeiter machen ihren Job (just over broke)[6] mal eben so, wie sie es immer gemacht haben, nach Vorschrift. Geld, also **E** für massive Maßnahmen, das **V** zu stärken oder für sinnvolle Beratung (guter Rat ist teuer), ist kaum noch vorhanden und Kredite sowie Fördermittel sind fast nicht mehr zu bekommen. Das starke **S** funktioniert vorschriftsmäßig. Die Mitarbeiter haben nur noch den Fokus auf ihr Unternehmen und die Vorschriften, der Kunde wird endgültig aus den Augen verloren. Die persönliche Absicherung ist wichtiger als der Kunde. Das System ernährt sich nur noch selbst

[6] amerik. = kurz vor der Pleite

und frisst die kaum noch vorhandene Liquidität. Spätestens, wenn die Bank oder das Finanzamt die Konten sperrt, wartet die Phase 9.

3.1.10 Phase 9 - Der Insolvenzverwalter -

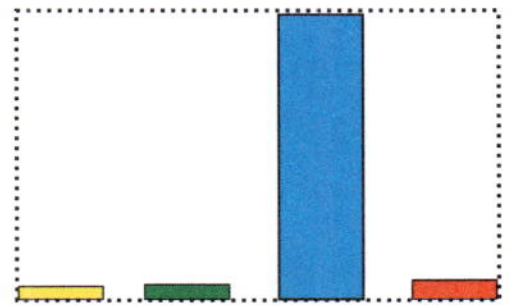

Wenn der Insolvenzverwalter kein reiner „Abwickler“ ist, sondern einer, der etwas von Unternehmenskybernetik versteht, kann er möglicherweise sogar einzelne Unternehmensteile wieder auf die linke Seite, der Wachstumsseite des Lebenszyklus, bringen und zumindest einer kleinen Gruppe von aktiven Mitarbeitern einen Dienst erweisen.

Möglicherweise lässt sich der **S**-Tumor, der alles überlebt hat, mit der Versteigerung der Hardware noch zu Geld machen.

Doch auch in der Insolvenzverwalterphase geschehen immer wieder Zeichen und Wunder, wie die Beispiele der Garnhersteller Diolen aus Obernburg oder der Spezialkordel-Hersteller Cordus aus Mühlhausen Thüringen zeigen. Denn sind die Kernkompetenz, die Marke oder die Fachkräfte attraktiv, findet sich oft genug ein Käufer. Hier bleibt nur zu wünschen, dass der Käufer nicht nur sehr solvent, sondern auch ein guter Kybernetiker ist.

Mit dem V-I-S-E®-Wissen wird er sehr genau wissen, was zu tun ist und versucht nicht die Erfolgsmechanismen seiner Firma 1:1 auf das insolvente Unternehmen zu übertragen. Das könnte zu erheblichen Startschwierigkeiten führen.

3.2 Der verkürzte Lebenszyklus

In den voran stehenden Abschnitten 3.1 bis 3.1.10 haben wir uns nur auf der maximal möglichen Lebenszykluskurve bewegt, um das Prinzip zu veranschaulichen. Hier war immer eine der bestimmenden Energien, entweder die **V**-Energie oder **S**-Energie 100 Prozent gegen- wärtig. Ich habe in der Praxis den 100 Prozent-Fall verschiedentlich in der Wachstumsphase erlebt, weil die **V**-Energie ohne jeden Zweifel vorhanden war. Aber in den großen Konzernen habe ich weder 100 Prozent **V**-Energie noch 100 Prozent **S**-Energie beobachten können, obwohl ihre **S**-Energie schon sehr nahe an 100 Prozent heranreicht.

Doch es muss klar sein, dass die Lebenserwartung eines Unternehmens nichts mit der Größe des Lebenszyklusses zu tun hat. Wenn eine Firma es z. B. schafft, permanent zwischen der Phase 3 und Phase 5 hin und her zu pendeln, kann sie über Generationen überleben (siehe hierzu den nächsten Abschnitt „Ewige Jugend“).

Der verkürzte Lebenszyklus zeigt vor allem, wie stark das Unternehmen „fühlt“ und wie stark es im Markt agiert.

Das Commitment der Führung und der Mitarbeiter überträgt sich bekanntlich auf die Kunden und das bringt oder vernichtet Marktanteile. Wer schüchtern vor sich hin niest, darf nicht erwarten, dass ihm die Welt noch das Taschentuch reicht.

An den nachstehenden Beispielen zeige ich, wie der verkürzte Lebenszyklus aussehen kann und warum sich der Lebenszyklus verkürzt.

Im 75 Prozent-Zyklus liegt der Standort des Unternehmens zwar auf der Phase 6 (siehe Abb. 3.3), aber aufgrund der Tatsache, dass seine **S**-Energie noch nicht voll ausgereift ist und auch die anderen V-I-S-E®-Aspekte nicht so stark ausgeprägt sind, verkürzt sich der Lebenszyklus entsprechend, wenn jetzt nicht professionell reagiert wird.

Somit bekommt die Bezeichnung „verkürzter“ Lebenszyklus dann eine makabere Bedeutung. Bezeichnenderweise verhält sich

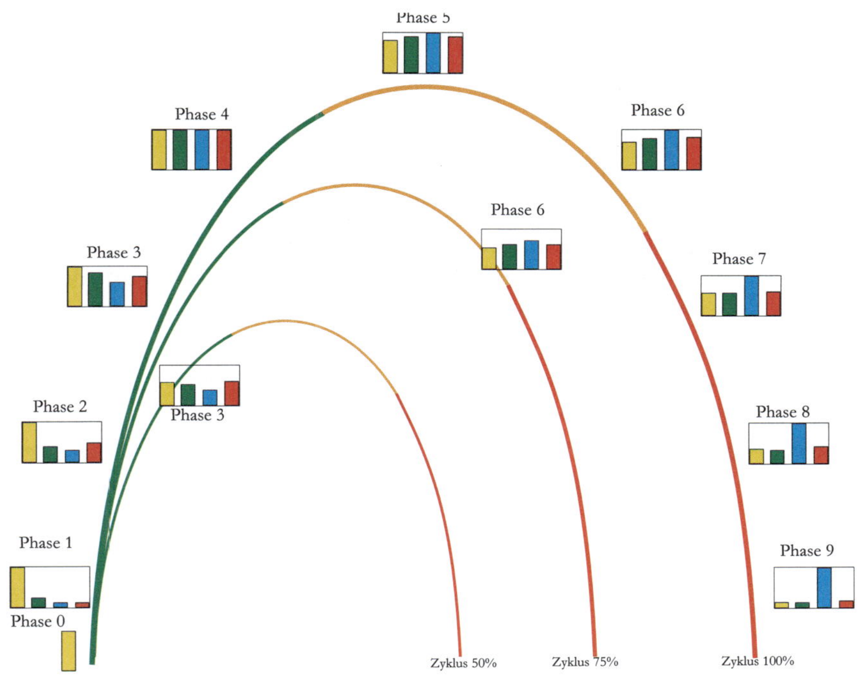

Abbildung 3.3: Beispiele verkürzter Lebenszyklen

auch diese Geschäftsleitung ein wenig wie die Eminenzen in der 100 Prozent-Phase 6. Der Vorstand trifft sich dann eben nicht mit Ministern, sondern „nur“ mit dem Bürgermeister.

Für die Geschäftsleitung heißt diese Situation, dass sie schleunigst Gas geben muss, um innovativer und kreativer in den Markt zu gehen und wohl auch nicht umhin kommt, ihre Geschäfts- und Produktionsabläufe noch zu optimieren, ggf. muss sie sogar die **S**-Energie auf ihr Alter hin untersuchen.

Möglicherweise sind schon überholte **S**-Regeln zu reformieren oder abzuschaffen. Nur eine junge, auf echte Effizienz abzielende **S**-Energie kann einem Unternehmen helfen.

Aber im vorliegenden Fall liegen die Prioritäten ganz klar bei der Förderung und Steigerung der **V- und I-Energien**.

Im 50 Prozent-Lebenszyklus-Beispiel wurden offenbar die Gashebel im startenden Flugzeug vorzeitig zurückgenommen und schon auf eine geringere Flughöhe eingeschwenkt. „Höhe ist Sicherheit" sagen aber die Piloten. Die deutlich kleinere „Flugbahn" zeigt, dass das Unternehmen seine Zukunft erheblich sicherer bestreiten würde, wenn es noch mehr Dampf in seine Vision, der **V**-Energie und deren Integration (**I**-Energie) investiert und versucht, mehr „Höhe" zu gewinnen.

An diesen zwei Beispielen zeigt sich einmal mehr, wie die V-I-S-E®-Systematik die jeweiligen Engpässe deutlich macht und dem Unternehmer unmittelbar eine Entscheidungshilfe gibt, um sich pro-aktiv und professionell auf den Engpass zu fokussieren.

3.3 Ewige Jugend für Unternehmen

Wie schon in Kapitel 2 ausgeführt, kann es für soziale Einheiten die ewige Jugend geben. Wie der Zyklus der ewigen Jugend verlaufen kann, sehen wir in der nachstehenden Grafik.

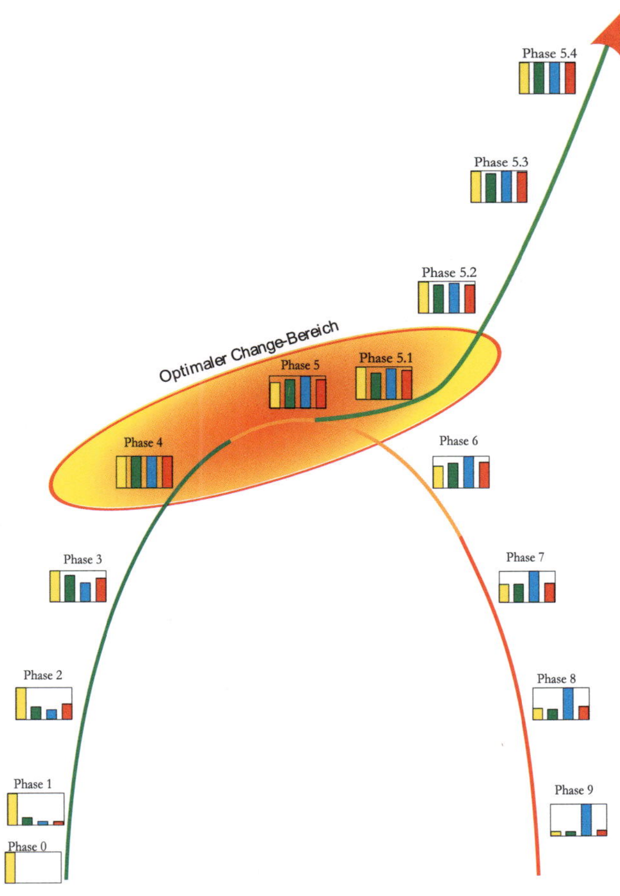

Abbildung 3.4: Die Chance der ewigen Jugend

Wichtig ist, dass das Management die Chancen rechtzeitig erkennt und in den Phasen der höchsten Liquidität auch in Innovation investiert. D.h. zwischen Phase 4 und Phase 5 müssen schon die ersten Maßnahmen ergriffen werden, um das schwächelnde **V** wieder zu stärken. Ob das **V** schwächelt, lässt sich aber an dieser Stelle mit den üblichen Bilanzierungstechniken nicht so ohne weiteres und schon gar nicht mit wenig Aufwand herausfinden.

Mit dem V-I-S-E®-System kann es bei kleinen Unternehmen wenige Stunden und bei größeren, ab ca. 300 Mitarbeitern, auch schon einmal 2 Tage dauern, bis ein nennenswerter Rückfluss der einzelnen Mitarbeitermeldungen gewährleistet und die Auswertung fertig ist.

Das ist keine Frage der Software, sondern liegt daran, wie schnell die an der Umfrage Beteiligten ihre Bewertungen ausfüllen und an den Server zurücksenden.

Kapitel 4

Das Managementprofil

Das Persönlichkeitsprofil eines Menschen zeigt sich unabhängig davon, ob es genetisch, veranlagungs- oder umweltbedingt entstanden ist, am Verhalten.

Lange haben Verhaltensforscher geglaubt, dass das Verhalten eines Menschen vorwiegend von seinem Umfeld geprägt wird, bis die US-Hirnforscher Dr. Paul McLean, Autor des „Triune brain"-Konzepts und der russische Psychologe Alexander R. Lurija in den 60er Jahren fast parallel entdeckten, dass unsere Gehirn drei Gehirnanteile (Stammhirn, limbisches System und Großhirn) hat und diese bei jedem Menschen verschieden ausgeprägt sind.

Diese verschiedenen Ausprägungen haben entsprechende Auswirkungen auf unsere Verhaltensmuster. Der Einfluss wird heute mit mindestens 60 - 70 Prozent beziffert, mit zunehmender Tendenz aufgrund der fortschreitenden Hirnforschung.

Der Anthropologe Rolf Schirm entwickelte im Auftrag der VOLKSWAGEN-Stiftung, auf der Grundlage der Forschungserkenntnisse von Prof. Paul McLean und seinem Triune Brain-Konzept, die Biostrukturanalyse, deren Ergebnisse im STRUCTOGRAM® dargestellt werden.

Ned Herrmann kombinierte das Triune Brain Concept mit dem Konzept der linken und rechten Großhirnhälfte und entwickelte daraus das HBDI®. Beide Modelle geben uns ein Bild unseres Verhaltens und sind durchaus kompatibel mit dem V-I-S-E®-Konzept.

Das V-I-S-E®-Managementprofil zeigt uns jedoch noch präziser unsere Denk- sowie unsere Verhaltensstrukturen, vor allem im Bezug auf unser berufliches Verhalten. Es ist absolut kompatibel mit der V-I-S-E®-Systematik und dem PIV (Kapitel 9). Das Managementprofil führt uns damit unmittelbar zu unserer Rolle, die zu uns passt.

Hier kann sich Aufgabenbewusstsein vom Feinsten entwickeln und darüber hinaus eine tiefe Achtung vor den verschiedenen Rollen und Aufgaben unserer Mitmenschen.

Aus der Verschiedenheit der Potenziale das große Ganze zu gestalten, zum Wohle aller Beteiligten, scheint eine wunderbare Herausforderung für Spitzenunternehmenskybernetiker zu sein, egal an welcher Stelle sie in der Unternehmenshierarchie stehen, ob als Chef, Abteilungsleiter, Vorarbeiter oder Büroleiter.

Es scheint Sinn zu machen, dass man im Leben der ist, wofür die Evolution uns *gemacht* hat, statt jemanden, den wir unbedingt sein wollen. So sehr sich ein Dackel wünschen mag, wie sein Herrchen zu sein, so sehr macht es Sinn, dass er Dackel bleibt. Ach ja, kennen Sie auch Personen, die ihrem Dackel immer ähnlicher werden?

Gerade das tiefe Verständnis von den Verhaltensweisen und dem daraus unmittelbaren Gebrauch der Sprache, führt uns direkt zu einem tieferen Verständnis des V-I-S-E®-Konflikts. Warum? Weil eine geschliffene Rhetorik und Eloquenz, auch wenn sie noch so gut klingt, nicht zwangsläufig positiv für das Unternehmen sein muss.

Hier liegt einer der Gründe, warum Unternehmen, ja sogar Konzerne, eloquent in den Ruin oder an den Rand des selben *gequatscht* werden.

Einer der Mitentwickler des V-I-S-E®-Modells, Dr. Korai Peter Stemmann, hatte die Idee, die einzelnen „Typen“ bereinigt, quasi isoliert, darzustellen.

Im Folgenden wird es etwas theoretisch und wir tun so, als wenn es den lupenreinen **V**-, **I**-, **S**- bzw. den **E**-Manager oder sogar den „Null-Manager“ gäbe, frei von jeder V-I-S-E®-Energie.

Diese Vorgehensweise soll helfen, dass wir die jeweiligen Triebkräfte und Verhaltensweisen später noch besser einordnen können und damit zu einer höheren Trennschärfe kommen.

Übrigens, irgendwelche Übereinstimmungen mit lebenden Personen in den nachstehenden Texten sind rein zufällig und nicht beabsichtigt. Oder doch?

Schauen Sie selbst:

4.1 Der V-Manager - Der kreative Proagierer -

Hier haben wir jemanden, den wir auch als den Verrückten bezeichnen könnten. Denn er ist aus der Normalität herausgerückt.

Er hat Visionen und Neues im Kopf. Routine und Langeweile sind ihm suspekt, ihn interessiert der Wandel, was ändert sich morgen und wie will er darauf reagieren oder sogar proagieren? Das sind Fragen, über die er gerne diskutiert oder Vorträge hält und dabei ist er unglaublich kreativ. Seine Hauptfrage lautet:

„Wie müssen wir uns morgen positionieren, damit wir übermorgen richtig stehen?"

Das heißt, er denkt und entscheidet proaktiv und das heißt: Fehler machen. Er hat den Mut, Fehler zu machen und liegt häufig so richtig wie kein Wettbewerber. Genau das macht seinen Wert aus.

Im HBDI® wird die kreative Seite dieser Person im gelben D-Quadranten deutlich, im STRUCTOGRAM®gibt es keine eindeutigen Hinweise.

Im Enneagramm kann der Typ VIER als der kreativste angesehen werden. Hier finden sich häufig Künstler und wahrlich Ver-Rückte, aus der Normalität Herausgerückte. Der Typ EINS, der Perfektionist, kann ebenfalls sehr kreativ sein, wenn es um die Perfektion geht und der Typ DREI, wenn es um Image und Anerkennung geht.

Die Hinweise auf andere Persönlichkeitsmodelle sollen dem Kenner dieser Modelle lediglich eine Hilfe sein, diesen Erfinder und Kreator noch besser zu erkennen und zu verstehen.

Es geht weder hier noch bei den weiteren Betrachtungen um das Erstellen von Schubladen. Kenner anderer Denkmodelle werden sicher die passenden Einschätzungen haben.

Aber schauen wir einmal woran wir ihn noch erkennen können:
Wann kommt er ins Büro? *Unregelmäßig, je nach dem, ob er eine neue Idee hat, kommt er früher oder später.*
Wann geht er? *Unregelmäßig, je nach dem, ob er eine neue Idee hat, geht er früher oder später.*
Wann kommen seine Mitarbeiter? *Sie versuchen sich anzupassen.*
Was will er nach einem Seminar? *Alles ändern, seine neuesten Erkenntnisse und Ideen umsetzen.*
Wie reagieren seine Mitarbeiter? *Äußerlich begeistert, aber innerlich gelassen, denn sie kennen ihren Brandstifter, seine Begeisterungsfeuer sind oft schnell verpufft.*
Was hält er von Veränderungen? *Viel, wenn er sie initiiert hat. Wenig, wenn sie von anderen kommen.*
Wie sieht sein Schreibtisch aus? *Von chaotisch bis aufgeräumt.*
Was hält er von anderen Führungskräften? *Nicht sehr viel, alles Langweiler.*
Wann beruft er eine Sitzung ein? *Wenn er eine neue Idee hat.*
Hat er eine Tagesordnung? *Seine neueste Idee oder eine vorherige.*
Was bringen die Mitarbeiter zur Sitzung mit? *Alle möglichen Unterlagen oder gar nichts.*
Wer arbeitet für ihn? *Bewunderer.*
Ist er wertvoll für das Unternehmen?
JA... aber er ist kein Kybernetiker!

4.2 Der I-Manager - Der Menschenfreund -

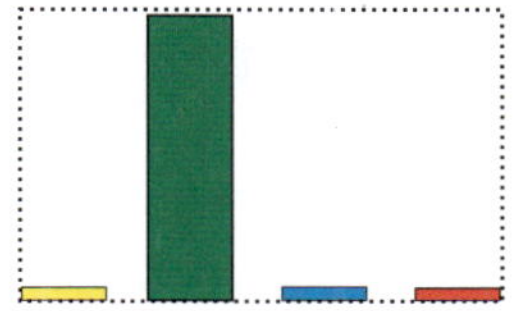

Der **I**-Manager repräsentiert die menschliche Seite im Unternehmen. Er befasst sich mit der Frage:

„Wie wollen wir miteinander umgehen, damit wir wissen, wie wir heute und morgen der Welt und uns begegnen?"

Er braucht Regeln, Unternehmensleitlinien, um Störungen zu vermeiden und falls sie doch auftauchen, sie regelgerecht zu bearbeiten. Hier kommt der entscheidende Faktor **Betriebsklima** ins Spiel. Dies wiederum beeinflusst unmittelbar das Commitment jedes einzelnen Mitarbeiters.

Hier stellt sich die Frage: Wie gehen die Mitarbeiter morgens zur Arbeit, mit einem Pfeifen, Singen und Lächeln oder mit gebeugtem Haupt, als müssten sie den Gang zum Schafott antreten? Solche Unterschiede erkennt der Menschenfreund sofort.

Er spürt, wenn die Mitarbeiter nicht mehr committet und nur noch halbherzig bei der Sache sind. Er ist ständig an der Front und misst den Kampfgeist der Truppe. Ohne diesen geht so manche Schlacht verloren und zum Schluss auch der Krieg.

Im STRUCTOGRAM®ist er derjenige mit der starken grünen Komponente. Mit der Zweitkomponente Rot ist er gerne der Engagierte und Lautstarke, mit der Zweitkomponente Blau der etwas Leisere mit dem Schwerpunkt auf Gerechtigkeit. Im HBDI®ist er im roten C-Quadranten angesiedelt. Im Enneagramm sind der TYP SECHS und der Typ ZWEI durchaus mit der **I**-Energie gesegnet.

Aber schauen wir einmal, woran wir ihn noch erkennen können:

Worauf achtet er in einer Sitzung? *Auf andere Teilnehmer.*

Was ist für ihn wichtig? *Menschen, Harmonie, Beziehungen.*
Was hält er von Kommunikationsseminaren? *Viel, ganz wichtig!*
Was stört ihn am meisten? *Streit, Konflikt, Disharmonie.*
Was hält er von Veränderungen? *Viel, wenn sie das Klima verbessern, sonst ist er eher skeptisch.*
Wofür interessiert er sich? *Für Stimmungen und Menschen.*
Welche Rolle spielt er im Unternehmen? *Die gute Seele, der Friedensstifter.*
Was macht er, wenn er freie Zeit hat? *Den nächsten Event planen.*
Wann beruft er eine Sitzung ein? *Selten, er liebt Einzelgespräche.*
Wer arbeitet für ihn? *Quasselstrippen und Informanten.*
Ist er wertvoll für das Unternehmen?
JA... aber er ist kein Kybernetiker!

4.3 Der S-Manager - Der systematische Reagierer -

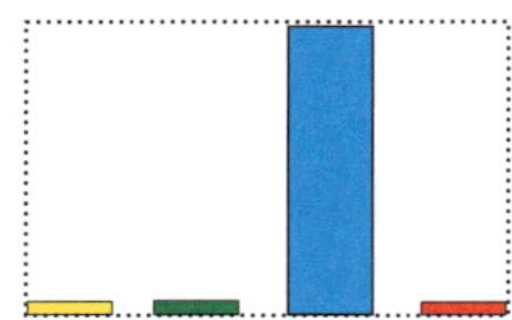

Der **S**-Manager hat den Fokus auf das System, sowohl im Außen, wie im Innen. Gesetze, Vorschriften und Regeln sind sein Metier. Er befasst sich mit: **„WIE müssen wir arbeiten, damit wir effizient und gesetzeskonform das Richtige machen?“** Er ist sicherheitsorientiert und möchte Fehler vermeiden. Daher schafft er es auch, Geschäfts- und Produktionsabläufe effizienter zu gestalten. In der Startphase eines Unternehmens ist er neben dem **V**-Manager wichtig, in der Alterungsphase wird er gefährlich und entwickelt sich zum Feind des Neuen. Wann immer neue Ideen auftauchen, kommt sein „Ja, aber...“

Im STRUCTOGRAM®ist er sehr stark von der blauen Komponente, dem fein differenzierenden Großhirn, geprägt. Kommt als Zweitkomponente Grün dazu, wird sein Verhalten weicher. Zeigt sich Rot als Zweitkomponente, ist mit Gegenwind zu rechnen. Im HBDI® ist er im grünen B-Quadranten zu finden. Im Enneagramm ist er häufig als Typ SECHS und auch als Typ EINS zu entdecken.

Aber schauen wir, woran wir ihn noch erkennen können:
Wann kommt er ins Büro? *Pünktlich, nach Vorschrift.*
Wann geht er nach Hause? *Pünktlich, nach Vorschrift.*
Wann kommen seine Mitarbeiter? *Pünktlich, nach Vorschrift.*
Was tun sie in der Zwischenzeit? *Arbeiten nach Vorschrift.*
Wie reagiert er auf neue Ideen? *Nach Vorschrift.*
Wie sieht sein Schreibtisch aus? *Vorbildlich aufgeräumt.*
Wie trifft er seine Entscheidungen? *Nach Vorschrift.*
Was hält er vom Chancendenken? *Ja, aber...*
Was hält er von DIN ISO 9000ff.? *Normen sind erst einmal gut, aber...*
Was macht er, wenn er freie Zeit hat? *Er entwickelt neue Formulare.*
Wer arbeitet für ihn? *Bürokraten, Beamte.*
Ist er wertvoll für das Unternehmen?
JA... aber er ist kein Kybernetiker!

4.4 Der E-Manager - Der Macher -

Wenn wir uns vorher mit Künstlern, Rednern und Systematisierern befasst haben, kommen wir jetzt zum Realisierer, dem Macher. Der **E**-Manager hat seinen Fokus auf:

„WAS geschehen muss, damit wir effektiv das Richtige tun?“

Das bedeutet Handeln im Hier und Jetzt. Für den *E*-Manager zählen nur Resultate, mit Schreibtischtätern hat er nicht viel am Hut. Aber wenn er die Vorgaben von oben gut findet, dann legt er los, dann kesselt es im Karton. Pausen und Sitzungen sind ihm zuwider. Fleiß und Engagement zeichnen ihn aus. Hier haben wir auch den Feuerwehrmann und den Notdienst-Monteur, der gleich zur Stelle ist und handelt. Im STRUCTOGRAM®dominiert klar die rote Komponente mit dem limbischen System. Im HBDI®dominiert der blaue A-Quadrant. Im Enneagramm sind es die ACHT, die SIEBEN, die DREI und die SECHS, bei denen das Machersyndrom anzutreffen ist.

Aber schauen wir, woran wir ihn noch erkennen können:

Wann kommt er ins Büro? *Früher als jeder andere.*
Wann geht er nach Hause? *Später als jeder andere.*
Wann kommen und gehen seine Mitarbeiter? *Kurz nach oder vor ihm.*
Was macht er, wenn etwas fehlt? *Er holt es selbst, alles andere dauert ihm zu lange.*
Wenn er im Urlaub ist, hängt er? *... am Mobiltelefon.*
Wie sieht sein Schreibtisch aus? *Verschiebebahnhof.*
Was nimmt er mit nach Hause? *Arbeit...*
Was hält er vom Chancendenken? *Spinnerei, die Arbeit muss erledigt werden.*
Delegiert er? *Nein, keiner macht es so gut wie er.*
Warum besucht er keine Seminare? *Weil er nicht delegiert und alles selbst machen muss.*
Wann beruft er eine Sitzung ein? *Wenn's brennt...*
Wer arbeitet für ihn? *Gehorsame Mitmacher.*
Ist er wertvoll für das Unternehmen?
JA... aber er ist kein Kybernetiker!

4.5 Der Null-Manager - Der Angenehme -

In einem Bienenvolk beteiligen sich die Drohnen nicht an irgendwelchen Arbeiten. Sie sind nicht einmal in der Lage, Nektar aus Blüten aufzunehmen, sondern sind zu ihrer eigenen Ernährung auf den sozialen Futteraustausch im Bienenvolk angewiesen.

Besser kann man die Null-Manager nicht beschreiben. Ihr einziger Nutzen, die Befruchtung der (Bienen-)Königin, könnte ebenfalls auf das Management übertragen werden. Sie haben nämlich die Fähigkeit, ihre Anwesenheit als besonders nutzbringend darzustellen und das Management zu hofieren.

Sie sind die Trittbrettfahrer, die die Leistungen anderer gerne mit ihrem Namen verknüpfen. Einziger und gefährlicher Vorteil ist: Sie machen keinen Stress und gehen Konflikten möglichst aus dem Weg.

Aber schauen wir, woran wir einen Null-Manager noch erkennen:

Was ist sein Ziel? *Nicht aufzufallen.*
Was macht er? *Alles um nicht aufzufallen.*
Warum tut er das? *Um nicht aufzufallen.*
Wann kommt und geht er? *So, dass er nicht auffällt.*
Wann kommen und gehen seine Mitarbeiter? *So, dass sie nicht auffallen.*
Wie steht es in seiner Abteilung? *Bestens, keinerlei Probleme.*
Was sagt er zu außergewöhnlichen Aufträgen? *Ja, Chef wird erledigt, kein Problem.*
Wie sieht sein Arbeitsplatz aus? *So, dass er nicht auffällt.*
Was macht er, wenn er freie Zeit hat? *Trittbrettfahren: „Chef am*

Kontakt für den großen Auftrag habe ich auch mitgewirkt!“
Wer arbeitet für ihn? *Drohnen.*
Ist er wertvoll für das Unternehmen?
NEEIIIINNNN!
Wer hat ihn eingestellt? *Du!!*
War er immer so? *NEIN!*

Warum ist er so geworden?

Bei genauer Betrachtung der vier V-I-S-E®-Energien kommt man nicht umhin festzustellen, dass jede der Energien auch den Energiekiller in sich birgt.

Schauen wir uns die **V**-Energie an. Ausgerechnet die scheinbar wichtigste Energie, die Schöpfer-Energie, hat die Angewohnheit, andere Schöpfer-Energien auszubremsen, mit scharfer Kritik zu belegen und zu bekämpfen. Warum? Weil Visionäre oft nur in ihre eigene Vision (ihr Baby) und in ihr Sosein verliebt sind. Im schlimmsten Fall sind sie Egomanen.

Kreative, kritische und innovative Mitarbeiter werden nicht selten ausgerechnet von visionären Chefs „geschnitten“, bekämpft und „ruhig gestellt“ und mutieren so langsam aber sicher zu unauffälligen, angenehmen Mitläufern oder sie verlassen das Unternehmen und gehen zum Wettbewerb.

Auch die **I**-Energie ist nicht unbedingt der Förderer solcher kritischen Mitarbeiter mit kreativer Unzufriedenheit, ist doch Harmonie im Team und die Geborgenheit und der Glaube an das große Ganze für die **I**-Energie wichtiger als jeder Konflikt.

Die **S**-Energie ist ebenfalls keine Energie, die den Wandel freudig begrüßt. Nichts verbreitet so viel Unsicherheit wie der anstehende Wandel.

Auch die **E**-Energie, die sich zwar flexibel und aktiv gibt, liebt den Wandel nicht unbedingt, Effektivität ist für sie wichtiger als Effizienz. Fleiß wichtiger, als sich ständig etwas Neues auszudenken.

Eine gesunde Entwicklung ist aber immer mit Wandel verbunden. Erst wenn der Konflikt der einzelnen V-I-S-E®-Energien untereinander verstanden wird, ist es möglich, ihn zu steuern und konstruktiv zu gestalten. Dies gelingt jedoch nur, wenn jeder bereit ist, sich für die jeweils förderlichen Aspekte der „anderen" Energien zu öffnen und die Forderung nach gegenseitigem Respekt auch zu leben.

Wer jedoch Ruhe in seiner sozialen Einheit haben möchte, kreiert mit seinem K(r)ampf gegen den Konflikt und seiner Sehnsucht nach Ruhe gute Wachstumsbedingungen für die „Angenehmen" und „Angepassten", um dann später auf dem Campus der Ruhe, dem Friedhof der (Wirtschafts-) Geschichte zu landen...

...denn (!), die Null-Manager sind die Viren für den Niedergang einer Vision und der sozialen Einheit, die sich dieser Vision einmal verschrieben hatte...

4.6 Das wahre Managementprofil

Die im Vorfeld beschriebenen isolierten Extremprofile wurden aus didaktischen Gründen so extrem dargestellt, aber dennoch vielleicht auch nicht ganz so lebensfremd, wie man vermuten könnte.

Jeder Leser kennt mit Sicherheit Personen aus seinem Umfeld, die den beschriebenen Nichtkybernetikern ähnlich sind. Dennoch muss es klar sein, dass jeder von uns alle V-I-S-E®-Aspekte in seinem Managementprofil hat und je nach Verteilung für die eine oder andere Position besser geeignet ist.

Es gibt Managementprofile aus der Gründungs- und Aufbauphase, die für spätere Phasen denkbar ungeeignet sind. Genauso können Profile der späteren Phasen eher geeignet sein, Unternehmen in der Gründungsphase schneller reifen zu lassen.

Exakt hier liegt die Aufgabe und die Chance für Unternehmensberater, Coaches und Unternehmer. Es gilt die Leitungsebenen in der Wirtschaft für die Prozesse des Wandels im Lebenszyklus zu sensibilisieren. Zum präzisen Steuern eines Unternehmens gehört aber auch, die Potenziale der Mitglieder im Prozess des Lebenszyklus adäquat zu nutzen.

Im Folgenden schauen wir uns einige Managementprofile mit ihren Unternehmereigenschaften an:

4.7 Der Unternehmer als Bewahrer

Man könnte ihn auch den „Göpeltier-Unternehmer" nennen oder „den bewahrenden Macher". Ein Göpeltier ist nämlich ein Wesen (Ochse, Esel o.a.), das die Achse einer Mühle oder eines Wasserrades mit Hilfe einer langen Querstange dadurch in Bewegung hält, dass es kontinuierlich im Kreise läuft und im wahrsten Sinne des Wortes etwas unternimmt und bewegt, zuverlässig, genügsam und ständig verfügbar.

Ich bin weit davon entfernt, „Göpeltier-Unternehmer" als Ochsen oder Esel zu diffamieren. Schauen wir uns das Managementprofil des verstorbenen Inhabers meines Lieblingsrestaurants „El Muiño"[1] im galizischen Boiro (Spanien) einmal an:

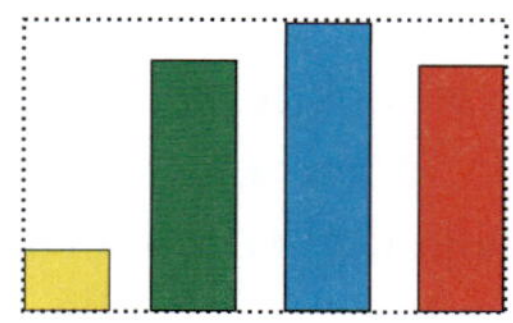

Die **V**-Energie ist hier nicht sehr ausgeprägt und wird nur benutzt, um die Speisen auch für das Auge schön zu gestalten. Die **I**-Energie ist sehr ausgeprägt und dem Grunde nach konservativ (bewahrend) ausgerichtet, den Traditionen verbunden und dennoch flexibel, weil harmonieorientiert.

Der Mensch, der Gast, steht hier total im Vordergrund. Gemeinsames Essen als Sinnbild einer funktionierenden, sozialen Einheit. Eines der Erfolgsgeheimnisse der japanischen Wirtschaft ist das

[1] „Die Mühle"

abendliche, gemeinsame Essen und Trinken mit dem Team. Hier dürfen dann unter dem Einfluss von Alkohol auch persönliche Konflikte angesprochen und bereinigt werden.

Die **S**-Energie ist hier der scheinbare Dominator, aber dennoch nur der Diener, um effizient und kostengünstig zu wirtschaften. Auch die **E**-Energie ist stark ausgeprägt und sorgt dafür, dass auch die Kasse stimmt, ebenso die Kundenorientierung - ohne die keine Kasse auf Dauer stimmt.

Luis, ein Baske, hatte sein Restaurant sein ganzes Unternehmerleben lang auf gleich hohem Niveau betrieben. Seine Speisekarte hätte auch in Stein gemeißelt sein können, die Qualität der Speisen war stets vom Feinsten, fast wie geklont. Nie gab es irgendwelche Enttäuschungen.

Dieser Mann war offenbar stets glücklich und in seiner Rolle wahrlich zu Hause. Er war in beeindruckender Weise stimmig. Auch die Gespräche mit ihm waren von hohem Niveau. Er las die großen Philosophen und Autoren und lieferte nicht nur kontinuierlich schmackhafte Speisen, sondern auch noch Unterhaltung und intellektuellen Austausch auf höchstem Niveau.

Er fühlte sich seiner Rolle als Gastgeber total verpflichtet und hatte seine Freude an jedem Gast, der sein Restaurant begeistert verließ, um garantiert wieder zu kommen.

In all den Jahren hat er weder an seinem, noch am Outfit seines Restaurants, bezeichnenderweise eine alte Wassermühle, etwas geändert.

Er bestach durch Beständigkeit. Auch wenn er den Wandel um sich herum verstand und sehr gut erklären konnte, war er im wahrsten Sinne des Wortes stockkonservativ.

In seiner Rolle wollte er es auch sein. Er war der Fels in der Brandung und für die Anpassungs- und Wandlungsfreudigen eine Schulter zum Anlehnen, ein Ruhepol zum Durchschnaufen. Gott sein Dank gibt es diese Unternehmer immer wieder, als Schuhmacher, Tischler, Hutproduzent, als Landwirt, Nischenproduzent etc.. Auch die trendigsten Menschen lieben diese Kleinode.

4.8 Der Unternehmer als Gegenwartsbewältiger

Gegenwartsunternehmer sind die Hans-Dampf-in-allen-Gassen-Typen, die Macher. Sie sehen ein Problem und schon haben sie die Lösung. Schlüsseldienst, Serviceunternehmen, Bauunternehmer und Bauleiter passen in das folgende Profil:

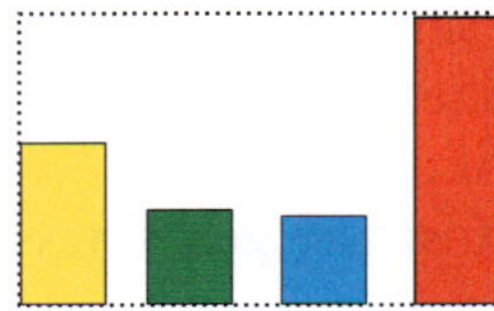

Auch hier steht die **V**-Energie nicht an erster Stelle. Die kreative Seite nutzt der Hier-und-Jetzt-Macher beim Entwickeln der Lösungen. Aber als Erstes sieht und erkennt er das Problem, welches es zu lösen gilt. Da zögert er nicht lange und dabei hilft ihm seine unglaubliche **E**-Energie.

Die Kombination von **E**-Energie und **I**-Energie wirkt noch einmal verstärkend, weil die eine committet ist, harmonie- und menschenorientiert und die andere, die **E**-Energie, explizit kundenorientiert.

Dazu kommt das Ego = Selbstverständnis als Macher. Die **S**-Energie ist auch hier nur Diener der anderen Energien, damit die Umsetzung effizient und kostengünstig über die Bühne läuft.

Einer meiner Lieblingsunternehmer, Arno Rupprich aus Rehfelde[2], ist so ein Gegenwartsbewältiger. Er ist ein Landschaftsgestalter und Unternehmer vom Feinsten, er findet immer eine Lösung und langes Zögern ist nicht seine Art. Sein Fokus auf den Kunden ist beispielhaft, seine Worte klar und deutlich, sowohl für Auftraggeber, Mitarbeiter als auch für Kunden.

[2]www.sdr-landschaftsgestaltung.de

Seine **V**-Energie hilft ihm bei der Gestaltung der Gärten und Parks, denn heimlich oder sogar offenbar(?) ist er ein Schöngeist. Die als nächstes auftauchende **I**-Energie sorgt dafür, dass er auch durch und durch Mensch ist. In der Realität ist seine **I**-Energie stärker ausgeprägt als in der Beispielgrafik.

4.9 Der Unternehmer als Konstrukteur des Unternehmens

Diese Unternehmer werden oft als Helden der Geschichte gefeiert. Hätten sie nichts unternommen, um die Dinge und die Verhältnisse um sich herum zu verändern, gebe es keine Menschheitsgeschichte im Wortsinne.

Alles wäre nur pure Evolution und wahrscheinlich liefen wir immer noch im Lendenschurz und der Keule durch die Gegend.

Wer sich das dem Unternehmer innewohnende Grundmotiv anschaut, wird feststellen, dass das „Entwickeln von funktionierenden Systemen" sein eigentlicher Antrieb ist.

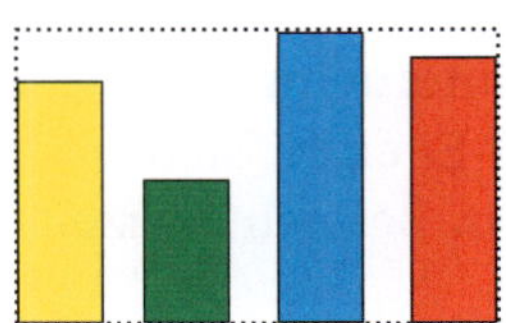

Hier steht das systematische Denken der **S**-Energie klar im Vordergrund, begleitet von einer starken **V**-Energie, die dabei hilft, auf kreative Art und Weise ein System zu entwickeln, welches die ursprüngliche Vision auch effizient umsetzen kann.

Dabei kann es durchaus zu Konflikten mit den Mitarbeitern kommen, die bei der Konstruktion dieses eher logischen Systems für den Konstrukteur keine besondere Rolle spielen.

Auch wenn ihm die Wichtigkeit der Mitarbeiterrolle klar sein sollte, wird er sie aufgrund der schwachen **I**-Energie kaum berücksichtigen können. Die starke **E**-Energie repräsentiert hier weniger die Orientierung auf den inneren Kunden (den Mitarbeiter), sondern klar auf den äußeren Kunden und auf den zu erwartenden Gewinn. Hier kommt der Kaufmann deutlich zum Vorschein.

Einer meiner Auftraggeber ist ein Genie in der Entwicklung von Unternehmenskonzepten und sitzt fast non-stop an seinem PC und feilt an den Konzepten, bis es nichts mehr zu verfeinern gibt. Was er natürlich anders sieht. Dabei unterstützt ihn seine **V**-Energie sehr gut. Er beschäftigt über 1.000 Mitarbeiter. Zwar hat er ein paar treue Kämpfer, die ihn bei der Umsetzung sehr unterstützen, aber die Konflikte mit dem Betriebsrat und den Mitarbeitern fressen eine Menge Energie und Fluktuation sowie Krankenstand sind höher als im Durchschnitt. Die Ergebnisse sind ausreichend bis befriedigend, der Kampf mit den Banken fast Normalität.

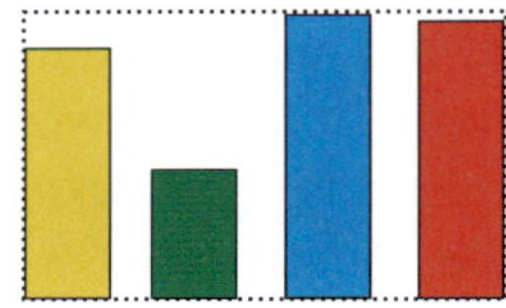

Bei einem anderen Unternehmenskonstrukteur ist die **E**-Energie fast so groß ist wie die **S**-Energie, siehe obige Grafik. Er hat sich zu einen der Marktführer im Bereich Freizeit- und Urlaubsgestaltung entwickelt.

Seine noch schwache **I**-Energie bereitet ihm permanent heftige Auseinandersetzungen mit dem Betriebsrat und den Mitarbeitern, was nicht dazu beiträgt, dass sehr gute Mitarbeiter dauerhaft gehalten werden.

Jedes dieser Profile hat also seine Stärken und Defizite. Alle drei vorgenannten Unternehmertypen, die es natürlich auch mit veränderten Managementprofilen gibt, haben eines gemeinsam: Sie sind (noch) keine Unternehmenskybernetiker. Jeder regiert sein Unternehmen quasi als Patriarch und reagiert erfolgreich auf den Markt.

Schauen wir, was den Unternehmenskybernetiker ausmacht:

4.10 Der Unternehmer als Kybernetiker des Unternehmens

Beim Unternehmenskybernetiker handelt es sich nicht, wie man vermuten könnte, um die eierlegende Hahnkuhentenmilchsau (Kap. 5.1.), sondern um ein Profil, welches aufgrund der tendenziellen Ausgeglichenheit die besten Voraussetzungen hat, um zum Steuermann = Kybernetiker zu werden.

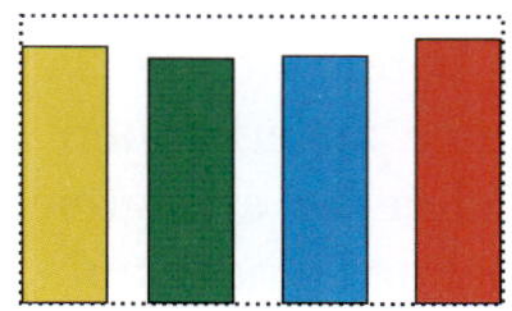

Der Vorteil einer relativ ausgeglichenen Verteilung liegt in der größeren Bereitschaft, mit anderen zusammenzuarbeiten und seinen eigenen Standpunkt auch einmal zu relativieren, während bei einseitig strukturierten Profilen die Ansichten eher festgefahren sind, bis hin zum Starrsinn.

Aber auch einseitige Profile können echte Kybernetiker werden, wenn sie die V-I-S-E®-Systematik verstehen und sie sich für das Anderssein der anderen öffnen.

Es gibt natürlich Personen mit dem vorstehenden Profil, aber selbst wenn sie von ihrem Wirken her Kybernetiker sein wollten, fehlt es ihnen meistens am nötigen Know-how, den V-I-S-E®-Konflikt bewusst konstruktiv zu steuern. Aber genau das macht eine gute Führungskraft zum Kybernetiker, zum pro-aktiven Steuermann.

Der Unterschied zwischen einem Profi in Kybernetik und einem talentierten Topmanager ist der:

Der Profi weiß ganz genau, warum er bestimmte Dinge entscheidet und auch macht, er kennt die Hintergründe. Der talentierte Topmanager handelt aus dem Gefühl heraus zwar oft richtig, aber er weiß nicht wirklich warum, da er die wahren Hintergründe nicht tiefgründig genug kennt.

Schon allein aus diesem Grund kann das V-I-S-E®-System ein Quantensprung im Führungsverhalten und in der Führungswirkung einer jeden Führungskraft sein, egal ob Großunternehmer, Manager oder Handwerksmeister.

4.11 Der Konflikt der Managementprofile

Eine Führungskraft, die bereit ist, die Verschiedenheit der Menschen als wertvolle Chance zu erkennen und diese Chance auch nutzt, wird wesentlich schneller erfolgreich sein, als eine, die auf ihre eigene Sichtweise beharrt und glaubt, dass man nur über sie zur Weisheit kommt.

„L'état c'est moi!"[3] mit diesem Spruch potenzierter Arroganz ging der Sonnenkönig Ludwig XIV. in die Geschichte ein und es gibt noch heute genügend Personen männlichen und weiblichen Geschlechts in Führungspositionen, die diesen Spruch leben, aber wohlweislich nicht aussprechen.

Aber auch für einsichtige Personen bleibt es eine Herausforderung, die Andersartigkeit der Mitmenschen im näheren Umfeld hinzunehmen und als Chance zu begreifen.

Es bleibt dabei, eine qualifizierte, aktiv betriebene EntWicklung, also aus der Ver-Wicklung herausführende Fortbildung in Sachen Selbst- und Menschenkenntnis, ist eine der besten Fundamente für das erfolgreiche Kreieren von funktionierenden Unternehmungen.

„Für die Gabe, Menschen richtig zu führen und zu verstehen, bezahle ich mehr, als für jede andere Fähigkeit unter der Sonne." Henry Ford

Werfen wir doch noch einen kurzen Blick auf die Managementprofile einer Geschäftsleitung (Grafik 4.1). Könnte es sein, dass die Beteiligten nicht immer einer Meinung sind? Diese Verschiedenheit

[3] „Der Staat bin ich!"

liefert für viele Führungskräfte den täglichen Konfliktstoff, an dem nachhaltige Erfolge immer wieder scheitern.

Im Gegensatz dazu erkennen die V-I-S-E®-Kenner sofort den Nutzen und die Chancen einer solchen Konstellation. Anstatt sich aufzuregen und zu lamentieren steuern und nutzen sie die möglichen Synergieeffekte.

Eine Geschäftsleitung, die sich im vollen Bewusstsein der verschiedenen Potentiale zusammen findet und es unter Wahrung des gegenseitigen Respekts schafft, konstruktiv miteinander zu kommunizieren und zu lachen, wird jedem Wettbewerber haushoch überlegen sein.

Geschäftsleitungen, die die Chance, welche in der Verschiedenheit der Menschen steckt, nicht erkennen, vergeuden eine Menge unnötiger Energie und Zeit im permanenten gegenseitigen Erziehungsprozess.

Dass es hier dann eher destruktiv als konstruktiv zugeht, lässt sich täglich in der Praxis beobachten. Die Kommunikationsstufe 3 (siehe Kapitel 2.6) „Das Recht haben wollen!“ wird hier der vorherrschende Tenor sein.

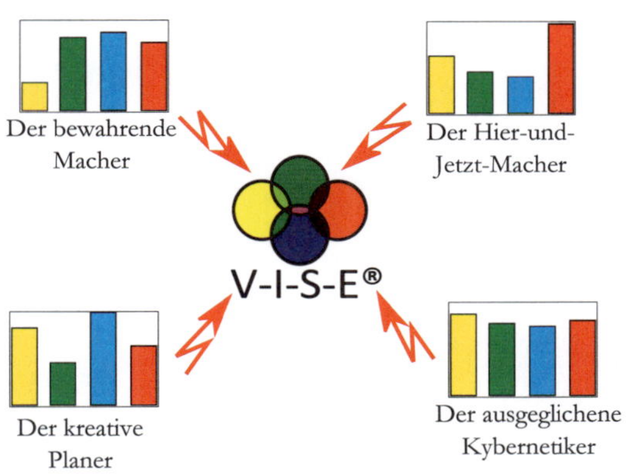

Abbildung 4.12: Die „perfekte“ Geschäftsleitung

Kapitel 5

V-I-S-E®-Praxis im Lebenszyklus

5.1 Chancen und Risiken eines Managementprofils

Abbildung 5.1: Hahnkuhentenmilchsau v. Manfred Wenzel

Ebenso, wie es die eierlegende Hahnkuhentenmilchsau oder die eierlegende Wollmilchsau nicht gibt, so gibt es auch das Allround-Managementprofil nicht.

Denn die Schöpfung macht keine Fehler, jeder von uns ist ein perfektes Subjekt der Schöpfung. Nur sind viele nicht wirklich in ihrer ihnen zugedachten Rolle. Ein Igel hat es da leichter, aber der Mensch muss seine Rolle erst finden.

Mit der browserbasierten Software[1] kann der künftige V-I-S-E®-Kybernetiker, (der wahre Künstler der Unternehmenssteuerung) über die Selbstbild- und Fremdbildfunktion sein Managementprofil oder andere Managementprofile jederzeit innerhalb von wenigen Minuten selbst ermitteln.

Im Zusammenhang mit dem möglicherweise zuvor ermittelten Standort seines Unternehmens, kann er dann bestens einschätzen, inwieweit sein Profil für sein Unternehmen geeignet ist oder ob es Sinn macht, andere Managementprofile eher zum Zuge kommen zu lassen und diese nicht mit der gewohnten Eloquenz an die Wand zu reden.

Erinnern wir uns an den griechischen Arzt Paracelsus: „Die Dosis bestimmt, ob wir Medizin oder Gift verabreichen!" Also, was gestern noch gut war, muss morgen schon nicht mehr das Beste sein, denn wir befinden uns immer im Wandel. Wer den Prozess und die Gesetze des Wandels erkennt, kann sich entsprechend darauf einstellen. Fasten kann z.B. für eine begrenzte Zeit etwas Wunderbares sein, auf Dauer führt es zum Tod.

Jetzt macht der Satz des chinesischen Generals Sun Zin noch mehr Sinn:

„Erkenne Dich selbst und Deinen Gegner und Du wirst in tausend Schlachten nicht geschlagen!"

Was liegt näher, sowohl den V-I-S-E®-Standort des Unternehmens als auch das eigene V-I-S-E®-Managementprofil, den Standort der geprägten Einstellungen und bevorzugten Denkweisen, zu bestimmen?

Je nach Größe des Unternehmens oder einer Abteilung wird die Analyse der einzelnen Managementprofile wichtig werden. Hierzu

[1] www.siris-vise.com

bietet das V-I-S-E®-Onlineportal dem autorisierten V-I-S-E®-User die Möglichkeit der Selbstbild- und/oder die Fremdbildanalyse an.

Besonders wichtig ist, dabei zu erkennen, dass die Analyse des Managementprofils keine „Leistungsprofilanalyse“, sondern eine „Potentialanalyse“ ist, die unmittelbar in Relation zum V-I-S-E®-Standort des Unternehmens gesehen werden muss. Der richtige Manager in der falschen Position ist genauso schädlich, wie die richtige, neue Position mit dem falschen Manager zu besetzen.

Ich habe persönlich erlebt, wie ein anerkannter Experte der Balanced Scorecard-Methode als V-I-S-E®-Beauftragter in einem Konzern kläglich versagte, weil er sich von den Denkmustern der Balanced Scorecard nicht lösen konnte.

Im Zusammenhang mit dem Unternehmensstandort und den bekannten Managementprofilen ist eine wesentlich professionellere Steuerung des Unternehmens möglich.

Spätestens jetzt kann deutlich werden, warum der meist klare und mit der Sprache bestens vertraute **S**-Manager (Kapitel 4.3) für Unternehmen jenseits der Phase 5 zum Sargnagel des Unternehmens werden kann. Seine Sicherheitsorientierung, auch was seine Position im Unternehmen anbelangt, bekommt eine Größenordnung, die nicht im Sinne eines gut geführten Unternehmens ist.

Während man bei der Gründerphase davon ausgehen kann, dass die VISE-Verhältnisse den Existenzgründer widerspiegeln, wird schon an dieser Stelle deutlich, dass es absolut förderlich wäre, wenn es hier einen Partner oder Mitarbeiter gäbe, der dann auch die**S**-Energie wachsen lässt, man könnte auch sagen „erwachsen“ werden lässt und zu solidem Wachstum in die nächsten Phasen führt.

5.2 Symptome des Missmanagements

Der große Vorteil des V-I-S-E®-Systems liegt in seiner Fähigkeit, die Symptome des Missmanagement schon im Ansatz zu erkennen. In der Medizin nennt man so etwas Früherkennung . Erst die Früherkennung, man könnte auch sagen *Rechtzeitigkeitserkennung*, ermöglicht pro-aktives Handeln. Im Gegensatz zum reaktiven Handeln, welches häufig die Regel ist.

Hierbei richten sich die Führungskräfte nach den Ergebnissen. Der eigentliche Chef sind also die Zahlen. Zahlen bestimmen, was zu tun ist. Sind sie gut, kann alles so bleiben. Sind sie schlecht, muss man *reagieren*. Diese Managementmethode *Management by trial and error oder „Versuch macht klug!"*, sofern es überhaupt eine ist, hat mit echter Steuerung eines Unternehmens nichts zu tun (siehe auch Kap. 1.4).

Hier haben wir die klassische Reaktion. Wenn sie in einem langsamen Markt vielleicht noch funktioniert hat, wird sie in den immer schneller werdenden Zeiten des Wandels eher tödlich sein. Erinnern wir uns:

„Nur die Besten werden überleben!"

Im V-I-S-E®-System unterscheiden wir zwischen normalen Symptomen und pathogenen (krank machenden) Symptomen.

Die normalen Symptome sind Indizien, Hinweise, die in der jeweiligen gesunden Phase des Lebenszyklus passen und intern von den Führungskräften im Unternehmen geregelt werden können.

Ein Beispiel: Wenn eine Mutter mit der normalen Tatsache, dass ihr sechs Monate altes Baby regelmäßig in die Windeln *macht*, nicht klar kommt, wird das Baby verkommen, krank werden und womöglich sterben. Sie wird sich dafür verantworten[2] müssen, dass sie ihrer Aufgabe als Mutter nicht gerecht geworden ist. An diesem Beispiel ist ein normales Symptom (vollgekackte Windel) zu einem pathogenen Symptom (Krankheit oder gar Tod) geworden.

Sollte sie trotz ihrer offenbaren Unfähigkeit klug genug sein und spätestens, wenn das Baby deutliche Krankheitssymptome

[2]siehe Kapitel 9 -PIV-

zeigt, fremde, kompetente Hilfe in Anspruch nehmen, würde sie ihrer Aufgabe immer noch gerecht und das Baby hätte Chancen, sich doch noch normal weiterzuentwickeln.

Wer sich rechtzeitig gut beraten lässt, ist also im Wortsinne „gut beraten".

Normale Symptome sind also die, welche zwar als Störung oder nicht gewollt empfunden werden, aber in die jeweilige Lebenszyklusphase (später nur noch Phase genannt) hinein passen. Sie sind also phasen- oder prozessimmanent.

Ca. 90 Prozent aller Flugzeugabstürze sind auf menschliches Versagen zurückzuführen. Dieser Prozentsatz dürfte mindestens auch für Firmenpleiten gelten, von den vorsätzlich geplanten einmal abgesehen. Ob die Pleitemacher allerdings das richtige Aufgabenbewusstsein besitzen, sei einmal dahingestellt.

Für den V-I-S-E®-Kybernetiker gilt es also zu erkennen, welche Symptome zu einem Standort im Lebenszyklus passen und welche also „normal" und selbst zu bewältigen sind und welche nicht zum Standort passen und ggf. von außen „behandelt werden müssen.

Schauen wir uns in den folgenden Abschnitten die normalen und die pathogenen Symptome der einzelnen Phasen genauer an:

5.3 Normale und pathogene Symptome

5.3.1 Phase 0 - Visionär -

In der Phase des Visionärs ist es normal, dass es nur die Idee, die Vision und noch kein Produkt gibt. Schlaflose Nächte sind auch normal. Euphorie und Angst sind dicht beieinander. Die Begeisterung über die Möglichkeiten, die sich auftun und die Angst vorm Scheitern sind auch normal. Jetzt beginnt der Spießrutenlauf durch die Meinungen des persönlichen Umfeldes.

Der Lebenspartner zieht vielleicht noch mit, aber die Freunde schütteln teilweise den Kopf. Selbsternannte Experten lachen sich halb tot. „Das kann nie gelingen, das hat es noch nie gegeben!“ oder „Weißt Du überhaupt, worauf Du Dich da einlässt?“ „Das ist der pure Wahnsinn, Du hast so etwas doch noch nie gemacht!“ „Dafür hast Du doch gar kein Geld!“ „Jetzt bist Du wohl verrückt geworden?“ „Was, Du willst Deinen sicheren Job für eine Idee aufgeben?“ Dies alles sind normale Symptome in dieser Phase.

Denn: **„Die besten Kapitäne stehen immer an Land!“**

Wer den Angriff auch dieser möglicherweise pathogenen Viren übersteht und an seiner Vision festhält, hat damit einen ersten wichtigen Schritt getan und ist reif für die Phase 1, die Gründerphase, und sein Immunsystem geht gestärkt aus dieser Attacke hervor.

Waren die anderen jedoch in der Lage, die Vision mit pathogenen Gedanken zu infizieren oder gar zu töten und konnte der Visionär die Gegenmittel (Commitment, Gegenargumente, Zusatzinformationen etc.) nicht aktivieren, bleibt er bestenfalls noch ein

Träumer, behält sein *Baby* für sich (in Gedanken) und wirft es nicht gleich weg.

Oder aber er verabschiedet sich definitiv von seiner Idee und dann war es nur eine Affäre. Ähnlich wie in der Liebe, auch dort hält die anfängliche Begeisterung manchmal nicht bis zum Heiratsantrag.

Ein Indianerjunge fragt den alten Häuptling: „Weiser Häuptling, kann Du mir sagen, welche Kräfte uns zum Handeln bringen?" „Nun mein Junge, jeder von uns hat zwei Wölfe in seinem Herzen, die gegen einander kämpfen." „Und welcher gewinnt?" „Der, den Du fütterst!"

Es scheint also nicht ganz unwichtig zu sein, mit welchen Gedanken wir uns befassen und welchen Wolf wir mit unseren Gedanken füttern.

5.3.2 Phase 1 - Gründer -

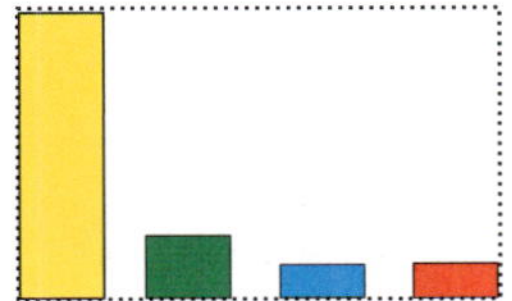

In der Gründerphase ist es normal, dass Gedanken materialisiert werden. Das heißt TUN = Tag und Nacht, jetzt hat der Arbeitstag 24 Stunden und die Arbeitswoche sieben Tage. Urlaub, Kranksein etc. passen nicht in diese Phase, kurze Erholungspausen ja, aber das Pferd, die Vision, will geritten werden, unablässig. Auch der Ärger mit den Formalitäten etwaiger Genehmigungsbehörden ist normal und nichts, worüber sich der Gründer aufregen sollte, das ist vergeudete Energie.

Dass die ersten Prototypen noch nicht gut funktionieren, ist auch normal und dass es noch keine zahlenden Kunden und kein

Geld gibt, dass eine Ecke im Wohnzimmer das Büro und die Garage die Produktionsstätte ist, ist auch normal.

Pathogen kann es werden, wenn der Gründer ein Perfektionist ist und glaubt, er müsse wie die etablierten Wettbewerber auftreten. Bill Gates hatte kein Problem, in seiner Garage gegen IBM anzutreten. Doch in dieser Phase sterben häufig Startups[3]. Denn obwohl scheinbar alles richtig gemacht wurde, geht es nicht voran und der Gründer gibt auf.

Vielfältige Faktoren können ihren Beitrag dazu geleistet haben und es ist durchaus normal, dass man nicht wirklich weiß, warum hier eine gute Idee letztlich stirbt. Entweder war das Umfeld dafür noch nicht reif oder der Gründer selbst. Es ist wie beim plötzlichen Kindstod, auch hier kann oft die Todesursache nicht geklärt werden.

5.3.3 Phase 2 - Kind -

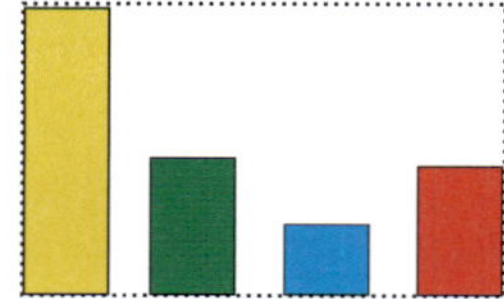

Hier passt die Analogie zum Kindsein. Das Kind fängt jetzt an zu laufen. Es ist normal, dass das Laufen noch etwas ungelenkig aussieht. Der Briefkopf und die Flyer sind selbst gemacht und im Copyshop vervielfältigt.

Es ist normal, dass immer noch nicht genügend Geld vorhanden ist und noch zu viele Fehler gemacht werden. Nicht von ungefähr heißt diese Phase: „Kindphase“.

Es ist völlig normal, dass ein Unternehmen in der Phase 2, dem Kindstatus, noch nicht sehr liquide ist. Es ist auch normal, dass

[3]Frisch gegründete Unternehmen

ein Kind um Geld (Kredite) nachfragt, aber es wäre nicht normal, wenn das Kind an die Öffentlichkeit ginge oder zum Jugendamt liefe und sich beschwert, dass es zu wenig Geld besitzt. Ja, es gibt sogar Unternehmer, die über ihre Situation beim Kunden jammern, in der meist unbewussten Hoffnung, der Kunde würde aus Mitgefühl kaufen.

Es gilt also zu verstehen, dass zu wenig Aufträge, ein zu kleines Büro, der Kaffee aus Pappbechern, eine hohe Fehlerquote usw. für diese Phase normal sind. Es macht mehr Sinn für den Unternehmer, wenn er aktiv auf Kundensuche geht, Akquisition ist seine Hauptaufgabe. So wie es normal ist, dass ein Baby nach Nahrung schreit, so normal ist es, dass die Kunden nicht von alleine kommen. Werbung, also Schreien, ist an dieser Stelle normal und besonders wichtig. Wer nicht wirbt, stirbt.

Die Welt muss wissen, dass es das Unternehmen und seine Leistungen gibt. Ein Unternehmer, der in dieser Phase am helllichten Tag am Computer sitzt, um seine Buchhaltung oder einen neuen Flyer zu machen, statt draußen beim Kunden zu sein, wird sein Waterloo erleben.

Ein Unternehmer, der diesen normalen Aspekt nicht versteht und sich weiter ständig über seine mangelnde Liquidität beklagt, wird damit Mitarbeiter, Lieferanten und Kunden verunsichern und diese letztendlich verlieren.

Er macht aus einem normalen Symptom ein pathogenes, krankmachendes, weil er seinen Fokus aufs Lamentieren lenkt, statt auf die Akquisition. Cashlamento ist ein deutlich pathogenes Indiz, besonders für die Phase 2.

Gleiches gilt, wenn er meint, als künftiger Millionär müssten er und seine Gäste den Kaffee schon aus Goldrandtassen trinken, statt aus dem Pappbecher. Genauso schädlich ist es und oft beobachtbar, wenn angesichts der zu erwartenden Gewinne und dem gewährten Bankkredit auch gleich ein Auto aus der gehobenen Mittelklasse angeschafft wird. Da läuft er dann direkt in die Gründerfalle und entzieht seinem Unternehmen die dringend notwendige Liquidität.

Brutto wird gleich Netto gerechnet und wenn dann die Steuernachforderung kommt, kann er den Laden dicht machen. Die Authentizität, die Stimmigkeit mit der jeweiligen Phase, ist ein wichtiger Faktor. Der Unternehmer muss aufpassen, dass er nicht an seiner eigenen Eitelkeit scheitert. Ein Kind, das sich wie ein Erwachsener benimmt, wirkt lächerlich. Ein Erwachsener, der sich wie ein Kind benimmt, ebenso.

Besonders gravierend und gefährlich ist mangelndes Engagement. Wenn ein Flugzeug startet, egal ob es ein Airbus A-380 mit fast 600 Tonnen Abfluggewicht oder ein Kleinflugzeug ist, dann geht das nur mit „voller Pulle“. Erst wenn die Reisehöhe erreicht ist, kann die volle Leistung etwas gedrosselt werden.

Dieses Erfordernis ist so manchem Existenzgründer nicht klar. Viele hoffnungsvolle Existenzgründer mit sehr guten Ideen sind in den so genannten „neuen Bundesländern“[4] zu Beginn der 90er Jahre gescheitert, weil sie ihren Tagesablauf immer noch so gestalteten, wie sie es in ihren volkseigenen Betrieben gewohnt waren und die „Sieben-Tage-Woche“ eines Jungunternehmers nicht akzeptieren konnten.

Als ich einen dieser hoffnungsfrohen Helden am Telefon erreichen wollte, sagte mir seine Frau: „Mein Mann ist krankgeschrieben!“ Ich habe fast einen Lachkrampf bekommen, aber mehr aus Empörung. Dieser Unternehmer ist auch folgerichtig pleite gegangen und hat sein gesamtes Vermögen verloren. Übrigens, er war ein Perfektionist und ein wunderbarer Mensch, aber kein Unternehmer.

[4]die mindestens so alt sind wie die „alten“ im Westen

5.3.4 Phase 3 - Teenager -

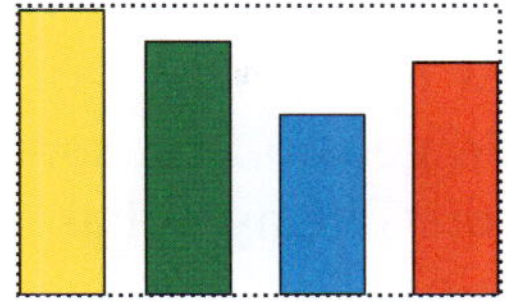

Was sind die normalen Symptome der Teenagerphase? Man hat begriffen, wie das Leben funktioniert. Man wird zum Unternehmer des Jahres gewählt und hält Vorträge vor Unternehmensverbänden. Man könnte diese Phase auch Klugscheißerphase nennen. Würde diese Bezeichnung zutreffend sein, dann wäre das ein Zeichen für einen ersten „ernst zu nehmenden Virus“, denn altkluges Verhalten von jungen Menschen mag noch normal sein, doch wenn es zu klugscheißerig wird, beginnt es bedrohlich zu werden.

Aber normal ist, dass es jede Menge zu tun gibt. „Ich habe den Kopf voll und wirklich keine Zeit!“ kann an dieser Stelle ein normales Symptom sein. Auch wenn die Formulierung: „Ich habe keine Zeit!“ der Offenbarungseid des Managers ist.

In der Teenagerphase brummt es und es gibt tatsächlich jede Menge zu tun. Manpower wird gebraucht. Ausbildung ist erforderlich, um die Mitarbeiter in ihre Aufgaben einzuweisen. Zeit ist Mangelware. Cashflow ist schon vorhanden, aber es müssen noch eine Menge Verbindlichkeiten abgezahlt werden.

Man glaubt, man hätte es geschafft und müsste jetzt nur noch das Geld einsammeln. Eine gewisse Selbstherrlichkeit führt leicht zur Arroganz. Zeigen Sie mir einen Kunden, Geschäftspartner oder Mitarbeiter, der es liebt, arroganten Menschen zu begegnen?

Was wäre noch normal? Dass sich das Unternehmen in dieser Phase des Wachstums beraten lässt und zwar nicht von anderen Teenagern, sondern von alten Hasen, die jede Menge Erfahrung mitbringen. So ein alter, kampferprobter Kater, vom Kampf des Lebens gezeichnet, halbblind, mit zerrupften Ohren und vielen Narben wäre gut. Aber es darf auch ein Don[5] sein, jemand mit Würde und Weisheit. Der höhere Reifegrad ist hier erforderlich, damit dieser zur nächsten Stufe führen kann. Das ist nur mit sehr viel Erfahrung und Know-how möglich.

Erfahrung ist keine Frage von Zeit, sondern eine Frage von Potential. Genauer gesagt, die Teenagerphase muss nicht durch jahrelanges Erfahrungssammeln reifen, sondern kann fast sprunghaft in die nächste Phase übergehen, wenn die Geschäftsleitung bereit ist, erfahrenes Personal einzukaufen bzw. sich von erfahrenen Beratern begleiten zu lassen.

Eigentlich sollte jetzt nichts mehr schief gehen, aber nicht selten kommt es vor, dass der frisch gebackene „Unternehmer des Jahres" die Frau an seiner Seite nicht mehr passend findet. Der Overall oder die Kittelschürze beim Aufbau des Unternehmens passte besser zu ihr als das Abendkleid oder das Business-Kostüm. Jetzt sucht und findet er eine, mit der er sich zeigen kann.

Trennung ist das Thema in der Teenagerphase, Neues wird ausprobiert. Trennung bedeutet auch die Trennung von Mitarbeitern aus der Aufbauphase. Sie waren gut, fleißig und kreativ beim Aufbau, hatten auch ihre Träume, aber im Gegensatz zu den Chefträumen, wurden die ihren nicht erfüllt.

Wenn diese Mitarbeiter das Unternehmen in der Wachstumsphase verlassen, kann das sehr gefährlich werden, denn wenn die Auftragsbücher gefüllt sind und die besten Ruderer das Boot verlassen, kommt es zwangsläufig zu Lieferengpässen und Ärger mit den Kunden. Das muss nicht, kann aber tödlich sein.

Die Innovationslust bei den Mitarbeitern ist meistens ungebrochen, aber der Chef möchte das große Geld mit seiner Idee, mit seiner Vision machen. Es ist sein Baby und da gibt es nichts dran zu verbessern. Wieso auch, läuft doch alles prima. Der Erfolg verleitet zu altklugem Verhalten, man hält sich aufgrund des Erfolges schon für erwachsener als man ist.

[5] ehrenvolle, respektvolle Anrede

Berater und Coaches haben es hier nicht immer leicht, ihr Tagewerk zu verrichten, obwohl sie eigentlich genau jetzt, sofern sie auf eine lange Erfahrung zurückblicken können, die richtigen Partner sind. Auch hier hört man von Unternehmerseite sehr schnell den Satz: *„Wir verdienen gutes Geld, wir haben z.Zt. keinen Bedarf.“*

Die Optimierung der Geschäfts- und Produktionsabläufe kann in der Teenagerphase auf wertvolle Art und Weise helfen, die Phase 4, die Managerphase, zu erreichen.

5.3.5 Phase 4 - Manager -

Jetzt ist die Managerphase, die Traumphase oder die Lehrbuchphase, erreicht. Diese Phase wird erfahrungsgemäß meist nur kurzfristig „besucht“, denn nichts behindert den Erfolg so sehr, wie der Erfolg.

Euphorie, mangelnde Dankbarkeit und Demut, Selbstgefälligkeit bis hin zur Großkotzigkeit und Arroganz entwickeln sich hier und sorgen schnell für ein vorzeitiges Altern. Dies scheinbar menschliche, normale Symptom entwickelt sich dann eventuell zu einem Virus.

Normal ist in dieser Phase, dass man jede Menge Marktanteile hat. Man hat sich etabliert und man ist wer. Es läuft wie im Lehrbuch. Riskant ist an dieser Stelle, wenn der oberste Mann ein Patriarch ist, der das alles aufgrund seiner starken Persönlichkeit erreicht hat und keine weiteren Starken neben sich duldet.

Er hat sein „System“ mit Followern, servilen, tüchtigen Mitarbeitern aufgebaut, aber die wichtigsten Sachen immer selbst gemacht. Wegen des hohen Arbeitsaufwandes hat er fast kein Familienleben. Wenn er dann seinen (wohlverdienten)[6] Burn-out, Herzinfarkt oder Schlaganfall bekommt, ist das Unternehmen massivst bedroht.

Ein kluger Unternehmer macht sich entbehrlich, er lässt das Unternehmen führen und hat allenfalls noch ein wenig die Oberaufsicht. Ein Unternehmen, das zu einer wahren sozialen Einheit entwickelt wurde, in der jeder jeden ersetzen kann, ist im höchsten Maße souverän und hat beste Chancen, im Bereich dieser Phase zu bleiben.

Leider ist das noch nicht das gegenwärtige Leben. Machtgerangel, Intrigen, Erwachsenenspiele, Neid und Gier sorgen wie im normalen Leben dafür, dass nichts so bleibt wie es ist. Und die nächste Phase wartet schon.

5.3.6 Phase 5 - Selbstgefällige -

Was ist normal in der Phase der Selbstgefälligkeit? Nichts! Alles was in den folgenden Phasen passiert, hat mit Altern und der Aussicht auf Sterben zu tun. Dieses Altern kann über Jahrzehnte gehen. Ja, es ist sogar möglich, ein Unternehmen in dieser Phase zu halten. Wenn kleinere Innovationen permanent diesen Prozess begleiten, ist das immer wieder wie eine Verjüngungskur, die das Altern etwas bremst oder stagnieren lässt.

Ob das wünschenswert ist, müssen die Beteiligten für sich klären. Doch richtig pathogen wird es, wenn der ROI[7] und der Konsum

[6] Lese Rüdiger Dahlke „Krankheit als Weg“...

[7] Return on Investment

für eigene Zwecke wichtiger werden, als die Investition in neue Projekte und Ideen.

Dann schlittert das Unternehmen direkt von der Phase 5 in die Phase 6. Das wichtigste Heilmittel in dieser Phase bleibt also die Stärkung von **V**, aus dem sich dann folgerichtig auch wieder eine Stärkung des **I** ergeben kann. Persönlichkeitstraining oder auch das Einzelcoaching für Führungskräfte kann ebenfalls dazu beitragen, das Bewusstsein der Führungskräfte zu erweitern und eine Offenheit für die Arbeit mit dem V-I-S-E®-System zu erlangen.

Die Bereitschaft, etwas weiser zu werden, wäre auch nicht schlecht, das würde nämlich zur Demut führen, einer Fähigkeit, die in dieser Phase eher selten zu finden ist. Da Demut eng verwandt mit der Weisheit und Altern keine Garantie für Weisheit ist, geht es dann entsprechend auch in die nächste Phase des „negativen" Alterns.

5.3.7 Phase 6 - Eminenz -

Jetzt wird der Kaffee in Goldrandtassen serviert. Spätestens jetzt heißen die Sekretärinnen, *Assistentinnen der Geschäftsleitung*, perfekt gestylt, mit Studienabschluss, mehrsprachig und wunderbar anzusehen. Tüchtige Frauen, die die äußerlichen Kriterien nicht erfüllen, haben hier kaum noch eine Chance.

Die Chefetage ist klimatisiert, mahagonigetäfelt und das Portrait des Firmengründers hängt an der Wand. Die finanzielle Lage ist immer noch gut und das neue Firmengebäude mit seiner modernen Glasfassade wurde quasi aus der Portokasse bezahlt.

Es werden nur Telefongespräche von Personen durchgestellt, die auf der Liste der Assistentinnen stehen. Beraten lässt man sich von renommierten Unternehmen, die selbst in dieser Phase stecken, man versteht sich, weil man die gleiche Sprache spricht. Das ist das besonders Bemerkenswerte an dieser Phase: Kritik am Unternehmen wird nicht geduldet und ist selbst für die akzeptierten Berater nur schwer anzubringen.

Trotz der rückläufigen Umsätze und mittlerweile auch der Gewinne, die mit der Wirtschaftslage erklärt werden, pflegt man sein Image als Branchenführer. Lieferantenrechnungen werden auf Anweisung der Geschäftsleitung frühestens nach einer Frist von 8 Wochen bezahlt, völlig unabhängig von den Zahlungsbedingungen, die auf der Rechnung stehen. Man nutzt die Macht des Marktführers oder der Größe des Konzerns.

Es ist auch nicht ausgeschlossen, dass das Unternehmen zu einer gut geführten Bank mit einer Produktionsfassade[8] mutiert ist. Die meisten Automobilkonzerne verdienen diese Einschätzung, welche von Insidern auch nicht negiert wird.

Dieses Verhalten stellt zwar immer noch Einnahmen sicher, aber der Produktionsbereich pfeift wirklich schon aus dem letzten Loch, nur die Transferleistungen aus anderen Unternehmensbereichen oder gesunde Tochterunternehmen tragen zur Verschönerung der Bilanz bei. Schönfärberei ist also an der Tagesordnung. **V** kann in diesem Ambiente kaum wachsen und mit der Flexibilität ist es auch vorbei (Siehe Abbildung 3.1).

Heilsam wäre an dieser Stelle natürlich eine ehrliche und umfassende Unternehmensanalyse unter V-I-S-E®-Gesichtspunkten und zwar mit der Komfortvariante von 80 Einzelaussagen, die speziell auf das Unternehmen abgestimmt sind und dann von einem erfahrenen V-I-S-E®-Professional präsentiert und ausgewertet werden. Die finanziellen Mittel sind in dieser Phase dafür vorhanden, aber die Einsicht der Chefetage aus den vorgenannten Gründen

[8] Prof. Dr. Margret Kennedy, „Geld ohne Zinsen“

nicht oder nur selten.

Unternehmen in dieser Phase können ebenfalls über Jahrzehnte auf augenscheinlich hohem Niveau weiter wursteln oder lassen sich auf Fusionen ein, aber am Alterungsprozess selbst ändern sie nichts und marschieren konsequent in die Phase 7.

5.3.8 Phase 7 - Bürokrat -

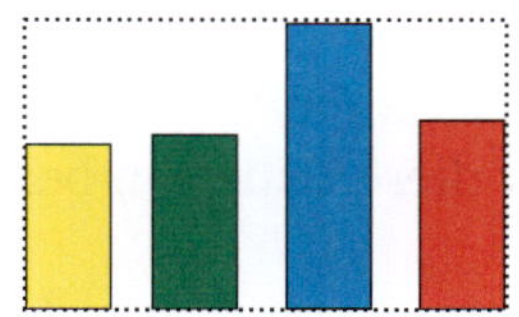

In der Phase 7 der Bürokraten angelangt, trinkt man zwar immer noch aus Goldrandtassen und das Gemälde des Gründers hängt immer noch an der Wand, aber jetzt wird man sich der Gefahr bewusst, denn sie ist auch mit der eloquentesten Schönrederei nicht mehr zu leugnen.

Die **S**-Regeln des Unternehmens dominieren in dieser Phase und nehmen einen großen Teil der Energien aller Beteiligten in Anspruch. Der Fokus geht mehr und mehr weg vom externen Kunden zum internen Kunden.

Jetzt wird nach Ursachen und Schuldigen gesucht. Wie schon im Kapitel 3.1.8 zur Phase 7 beschrieben, haben jetzt die etablierte Berater eine gute Chance, mit ihren Unternehmensanalysen und deren Auswertungen die Bilanz zumindest vorübergehend wieder zu schönen.

Headcount, Personalreduzierung und Filetstücke verkaufen sind hier häufig angewandte „Therapien“, die zwar kurzfristige Linderung bringen können, aber die wirklichen Probleme nicht erfassen und auch nicht zur echten Heilung führen. Vergleiche mit den Methoden der klassischen Medizin sind hier durchaus erlaubt.

Auch die Verschärfung der **S**-Energie durch die Einführung neuester Software, die mit Krediten finanziert wird, ist hier durchaus üblich. Diese Symptombehandlung, wie sie ja auch in der klassischen Medizin üblich ist, geht nicht auf die Ursachen zurück und ändert an der grundsätzlichen Untergangsstimmung in der Belegschaft wenig.

Die großen Beratungsunternehmen haben in dieser Phase hauptsächlich die Aufgabe, unpopuläre Entscheidungen des Unternehmensführung zu rechtfertigen und ihr die notwendigen Argumente zu liefern.

Nach dem Motto: „Die da haben es ja gesagt! Außerdem haben wir eine Menge Geld für diese Experten bezahlt und die müssen es ja schließlich wissen“.

So ist die Geschäftsleitung fein raus und zumindest strafrechtlich nicht mehr zu belangen. Selbst ihr Image bleibt im günstigsten Fall noch unbefleckt.

Das Schlimmste, was in dieser Situation passieren kann und auch häufig passiert, ist, dass die besten und kreativsten Kräfte sich bereits auf die Suche nach neuen Unternehmen machen oder schon gemacht haben und wechseln. Stark zunehmend sind in dieser Phase Besitzstandwahrung, gegenseitige Schuldzuweisungen, Intrigen einhergehend mit Mobbing.

Das Mittel der Wahl ist an dieser Stelle natürlich eine V-I-S-E®-Analyse, es muss noch nicht einmal die Komfortvariante sein, schon die Standardvariante mit 32 Aussagen wird ein deutliches Ergebnis liefern und dem erfahrenen V-I-S-E®-Professional schlüssige Argumente für richtige Entscheidungen zur Kehrtwende im Unternehmen liefern.

Denn es gilt, den Engpass, indexEngpass die mangelnde Innovationskraft **V** auch als das eigentliche Problem zu erkennen. So hat das Unternehmen eine reale Chance, geradezu schlagartig wieder auf die linke, auf die Wachstumsseite des Lebenszyklus, zu kommen.

Wieso? Wenn die innovative **V**-Energie im Unternehmen wieder den ihr zustehenden Stellenwert bekommt, erhöht sich nicht nur die **V**-Energie, sondern auch die besonders wichtige **I**-Energie. Hoffnung macht sich wieder breit, das Betriebsklima sowie das Commitment steigen unmittelbar und die Kranken- und die Fehlerquoten sinken entsprechend.

Auch BWL-Absolventen werden erkennen, dass sich damit das Betriebsergebnis verbessert.

Jetzt könnte wahre Unternehmenssteuerung beginnen und der Unternehmer bzw. Chef zum Kybernetiker mutieren, weil er bereit ist, seinen falschen Kurs zu erkennen und entsprechend zu ändern.

Die Chancen für V-I-S-E®-Professional stehen gerade für kleine und mittelständische Unternehmen recht gut, denn wenn die Not am größten ist, dann ist auch die Bereitschaft zur Selbstreflexion bei den Unternehmen und Unternehmern am höchsten.

Natürlich sind auch große Unternehmen und Konzerne für die V-I-S-E®-Methode prädestiniert, aber ihre Bereitschaft zur Selbstreflexion ist wesentlich geringer. Schon ihre Größe und die damit einhergehende Massenträgheit macht die Veränderungsprozesse langwieriger, an deren Notwendigkeit ändert das allerdings nichts. Gerade große Unternehmen sollten von wahren Kybernetikern proaktiv gesteuert werden, damit sie gar nicht erst in die Phasen 6 ff. kommen.

5.3.9 Phase 8 - Verwalter -

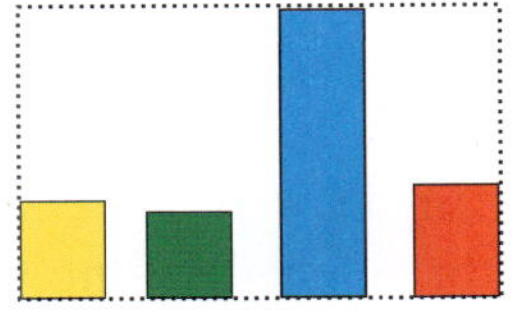

Offenbar wurden die Chancen der Phase 7 nicht genutzt und nun sind die besten Mitarbeiter weg. Jetzt geht es nur noch um Selbstverwaltung. Die Verwaltermentalität ist jetzt der Herr und

Meister. Die **S**-Energie tritt ihren Siegeszug an, denn das Unternehmen scheint perfekter administriert zu sein, denn je.

Falls es noch Kundenaufträge gibt, werden diese vorschriftsmäßig abgehandelt. In Anbetracht der vielen Vorschriften, wird die Auftragserledigung immer wieder durch An- und Nachfragen hinausgezögert, bis alle vermeintlich nötigen Informationen vorliegen. Die kreative **V**-Energie und die Flexibilität sind nur noch marginal vorhanden.

Das Unternehmen gleicht jetzt eher einem perfekten Museum, das auf staatliche Zuschüsse hofft, wie Kurzarbeitergeld o.ä.. Die **I**-Energie ist von Angst um den Job und Hoffnungslosigkeit geprägt.

Eine ergebnisorientierte **E**-Energie gibt es in dem Sinne nicht. Die Ergebnisse, die noch erzielt werden, resultieren von treuen Altkunden, die ihrerseits auch auf Kontinuität, Zuverlässigkeit und Sicherheit setzen und an neuen Produkten nicht wirklich interessiert sind. Sie sind froh, dass es die alten noch gibt.

Das Dilemma dieser Phase ist, dass es kaum noch ernsthafte Bemühungen gibt, das Ruder herumzureißen. Die Angst vor dem Neuen ist größer als die Angst vor dem Tod, gepaart mit der Hoffnung, dass es noch eine Weile so weiter gehen möge.

Das perfektionierte System gibt ihnen Sicherheit. Deswegen wagt es auch kaum jemand der sicherheitsorientierten Verbliebenen, aktiv etwas zu ändern.

Gezielte Schadensbekämpfung gehört zu den Hauptaktivitäten, das Überleben abzusichern. Eine Chance auf Rettung gibt es jetzt nur noch, wenn es so etwas wie eine etablierte Marke gibt, die einen Investor reizt, der das Unternehmen für wenig Geld aufkauft.

Wenn dieser sich dann noch aufgrund der energetischen V-I-S-E®-Verhältnisse darüber im Klaren ist, was nach der Übernahme unmittelbar zu tun ist, gibt es wieder eine Chance.

Oft ist genau das nicht der Fall und die Übernahme geht schief. Hier wäre auch ein wunderbares Feld für Coaches und Berater, die Investoren über die Chancen aufzuklären, ein Unternehmen in dieser Phase mit Hilfe der V-I-S-E®-Systematik wieder zu reanimieren.

5.3.10 Phase 9 - Insolvenzverwalter -

Gründe für eine Insolvenz wurden in den vorherigen Abschnitten hinreichend erläutert. Auch der Insolvenzverwalter wird versuchen, Investoren zu finden, wenn die Gesamtlage es hergibt. Sollten diese Investoren nicht nur die Marke und preiswerte Immobilien kaufen wollen, sondern tatsächlich an eine Übernahme denken, lassen sich auch hier die obigen Ausführungen wunderbar anwenden.

Kapitel 6

Autorität, Macht und Einfluss

Hier handelt es sich um drei wichtige Begriffe, die nicht nur in Unternehmen eine maßgebliche Rolle spielen. Wer bereit ist, seine Wahrnehmung und sein Verständnis für diese Begriffe zu öffnen und zu erweitern, wird privat und beruflich große Fortschritte machen.

Mit dem V-I-S-E®-System und dem Prinzip der Individuellen Verantwortung (Kapitel 9) wird der „Verständige“ ein wunderbar abgeklärtes Bewusstsein an den Tag legen können, das zeigt, dass die Zeichen der Zeit von ihm verstanden werden.

6.1 Autorität

Wikipedia definiert „Autorität“ wie folgt: „Autorität ist im weitesten Sinne eine soziale Positionierung, die einer Institution oder Person zugeschrieben wird und dazu führt, dass sich andere Menschen in ihrem Denken und Handeln nach ihr richten“.

Im V-I-S-E®-Modell ist sie ein wesentliches Element für die Verteilung der Rollen im Unternehmen.

Ein Pförtner, der Besucher nur nach bestimmten Kriterien hereinlassen darf, muss in den Fällen, in denen die Einlasskriterien nicht erfüllt sind, dem Besucher NEIN sagen und kann allenfalls bei seinem Chef nachfragen, ob er den Besucher passieren lassen darf. Erst wenn der Chef JA sagt, darf der Pförtner nach den ihm vorgegebenen Regeln den Besucher hereinlassen. Warum? Weil der Pförtner zwar einen Posten, aber keine Autorität hat.

Der Chef hat Autorität, weil er JA **und** NEIN sagen darf.

Es gibt Verkäufer, die dürfen Rabatte geben und haben insoweit Autorität, denn sie müssen sie nicht geben, sie dürfen. Verkäufer, die keine Rabatte gewähren dürfen, sind Verkäufer ohne Autorität. Je flexibler ein Unternehmen ist, um so mehr Autorität verleiht es seinen Mitarbeitern. Deren Selbstwertgefühl und Aufgabenbewusstsein (s. Kapitel 9) sind deutlich größer und sie treten dem Kunden gegenüber als Partner und nicht als Diener auf.

Junge und flexible Unternehmen erkennt man an selbstbewussten, engagierten Mitarbeitern, die, mit Autorität ausgestattet, aktive Mitglieder des Unternehmens sind.

Alternde und sterbende Unternehmen erkennt man an engstirnigen, ängstlichen, sich möglichst nicht für zuständig haltenden Mitarbeitern und Angestellten.

Also: Autorität hat jemand, der NEIN UND JA sagen darf.

6.2 Macht

„Macht“ wird von Wikipedia wie folgt beschrieben:

„Als sozialwissenschaftlicher Begriff bezeichnet Macht einerseits die Fähigkeit, auf das Verhalten und Denken von Personen und sozialen Gruppen einzuwirken, andererseits die Fähigkeit, Ziele zu erreichen, ohne sich äußeren Ansprüchen unterwerfen zu müssen. Die beiden Sichtweisen werden auch als „Macht über“ und „Macht zu“ bezeichnet. Macht gilt als zentraler Begriff der Sozialwissenschaften und ist als solcher in seinem Bedeutungsumfang umstritten.“

Dem letzten Satz kann ich nur zustimmen. Im V-I-S-E®-Modell definieren wir Macht deutlich anders, nicht top-down, sondern buttom-up.

Stellen Sie sich einmal vor, ein Betonfacharbeiter im Mischwerk soll einen sehr hochwertigen Beton für eine Brücke herstellen, verändert aber, weil sein Vorgesetzter ihn ständig schikaniert, die Dosierung der zu mischenden Anteile so, dass nur ein minderwertiger Beton geliefert werden kann.

Spätestens, wenn nach dem Aushärten des Betons bei Festigkeitstests festgestellt wird, dass der Beton den Anforderungen nicht genügt, ist der Skandal da. Für das Betonwerk könnte es den Ruin bedeuten. Der Vorgesetzte, der glaubte, die Macht zu haben, müsste feststellen, falls der Übeltäter überführt wird, dass die Macht beim Mitarbeiter lag. (s. auch Kapitel 8, Abschnitt 8.8)

Als eine größere Zahl Autofahrer sich weigerte, an SHELL-Tankstellen zu tanken, ließen die SHELL-Vorstände im Juni 1995 von ihrer Entscheidung ab, die Ölspeicherplattform „Brent Spa" im Atlantik zu versenken und verschrottete sie dann an Land. Wer hat also die Macht?

„Der, der seine Kooperationsbereitschaft verweigern kann!"

Die Frau, eines der wundervollsten Geschöpfe auf dieser Erde, die aus einem Samenfaden und einem Ei unmittelbar Leben kreieren KANN, aber nicht zwangsläufig MUSS, hat die Macht.

Wenn sie ihre Kooperationsbereitschaft versagt, gibt es kein (menschliches) Leben auf dieser Erde.

„Ein Mann, der nicht weiß, dass die Frau die Macht hat, ist blöd!"
„Die Frau, die diese Tatsache ihrem Mann auch täglich beweist, ist auch blöd!"

Auch bei Lokführer-, Fluglotsen- oder Pilotenstreiks wird deutlich, wer die Macht hat, oder?

Ein Unternehmer, der sich darüber im Klaren ist, wird, wenn er klug ist, augenblicklich seine Sichtweise auf die Mitarbeiter, ohne die seine ganze Vision ein Traum bleibt, ändern.

Führungskräfte, die allein schon aus diesem Grund ihre Mitarbeiter schätzen, erreichen mehr mit ihrer Mannschaft, sind erfolgreicher und müssen weniger Gehalt zahlen.

Denn sie geben mehr Nutzen für ihre Mitarbeiter als nur Geld, sie liefern Wertschätzung. Wer höchste Wertschätzung liefert, zahlt deutlicher weniger Gehalt und kommt mit seinem Team zu noch mehr Erfolg.

So mancher Bundesligavorstand und -trainer hat diese Tatsache bis heute nicht verstanden. Es entsteht manchmal der Eindruck, dass sie glauben, dass Machoverhalten und Geld der einzige wirkliche Motivations- und Machtfaktor ist.

6.3 Einfluss

„Einfluss" definiert Wikipedia wie folgt:

„Einfluss ist die potenzielle oder effektive Wirkung eines Subjekts oder einer Interessengruppe auf eine Zielperson oder -gruppe. Zu unterscheiden ist zwischen Einfluss haben (passiv, evtl. unbewusst) und Einfluss ausüben (aktiv, bewusst)".

Meiner Meinung nach ist das nur ein Teilaspekt des Einflusses. Im V-I-S-E®-Modell sehen wir EINFLUSS als etwas, dass in die Handlung einer Person einfließt, ohne dass der „Einflößende" Autorität oder Macht über die Person besitzt. Der Altkanzler Helmut Schmidt z.B. hat keine offizielle Autorität, die noch zu etwas JA und NEIN sagen darf, er kann und will wohl auch keine Macht mehr ausüben, aber er hat Einfluss.

Wann immer er ein Interview oder eine Einschätzung gibt, wird diese von den Medien unmittelbar aufgenommen und veröffentlicht. Johann Wolfgang von Goethe ist noch nach Jahrhunderten eine der einflussreichsten Persönlichkeiten. Tausende lesen und zitieren seine Worte und sind bestrebt, danach zu handeln. Gleiches gilt natürlich für Jesus Christus, Mohammed, Buddha etc. Sie alle haben eines gemeinsam, sie waren große, charismatische Persönlichkeiten, deren Einfluss immer noch wirkt. Sie müssen selbst gar nichts mehr tun.

Das Höchste, was eine Führungskraft erreichen kann, ist genau diese Qualität von Einfluss. Da wird kein Herumbrüllen, kein Zurechtweisen, kein Bestrafen, keine Geldzuwendung und keine Geldkürzung mehr gebraucht; alles geschieht wie von selbst.

Ein Stirnrunzeln, ein Lächeln, ein paar leise Worte und alles läuft wie gewünscht, wunderbar!

Pro memoria: „Charisma ist der Beitrag zum Wachstum eines Menschen!“

Also, wer hat Einfluss?

„Jemand, der Menschen bewegen kann, ohne Autorität oder Macht zu besitzen!“

6.4 Die Zukunft - Im Vollbesitz aller Kräfte

Stellen Sie sich einmal vor, Sie wären in einer Situation oder Position, in der Sie über alle drei Kräfte verfügen könnten.

Sie haben also die **Autorität** und dürfen JA und NEIN sagen, haben die **Macht**, Ihre Kooperationsbereitschaft zu verweigern und verfügen darüber hinaus auch noch über den **Einfluss** als authentische, souveräne, „gestandene“ Persönlichkeit. So, dass Sie Ihre Autorität und die Macht nur noch in bestimmten Fällen bräuchten, um die Menschen zum Handeln zu bewegen, sich für Ihre Ziele einzusetzen.

Kann es etwas Besseres geben, als alle drei Faktoren zur Verfügung zu haben?

Ichak Adizes[1] spricht hier von CAPI, übersetzt auf den deutschen Sprachgebrauch FAME, die Fähigkeit, mittels Autorität, Macht und Einfluss Menschen zu bewegen.

D.h., die Summe von Autorität, Macht und Einfluss beschreibt das Potential, mit dem in einem Projekt andere Projektteilnehmer zum Handeln zu bewegt werden können.

Interessant ist, dass im Englischen die Buchstabenfolge **FAME** auf Deutsch Ruhm bedeutet, und damit genau das widerspiegelt, was die Basis von Ruhm u.a sein könnte, nämlich der intelligente Einsatz von Autorität, Macht und Einfluss.

[1]Autor von „Corporate Lifecycles“

Und stellen Sie sich einmal vor, man könnte diese Relationen zu einander auch noch messen. Mittelfristig wird auch das genau möglich sein.

Das Ergebnis könnte wie folgt aussehen:

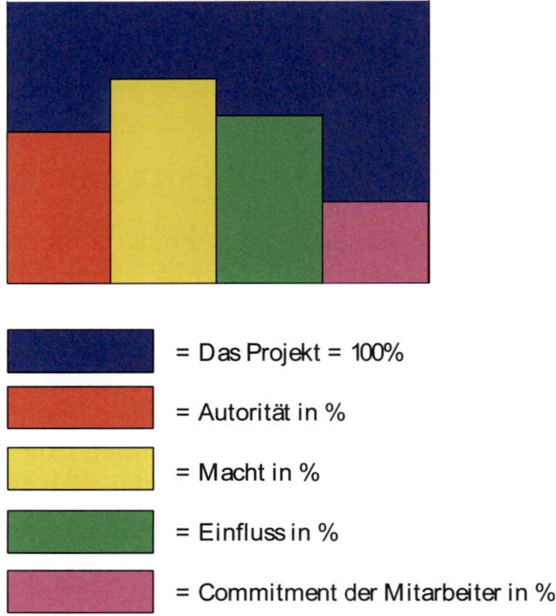

Abbildung 6.1: Erfolgschancen sichtbar machen

Das Projekt ist durch die blaue Fläche repräsentiert und die Aspekte Autorität, Macht, Einfluss und Commitment nehmen den Raum ein, der in diesem Beispiel vorgeben ist.

Wie groß ist die Wahrscheinlichkeit, dass das Projekt erfolgreich umgesetzt wird?
Nicht sehr groß, oder? Warum?

Weil die objektiven Möglichkeiten nicht in Fähigkeiten umgesetzt werden und die Mannschaft nicht dort „abgeholt" wird, wo sie steht. Schon in den Einzelanalysen, der V-I-S-E®-Auswertung und einer FAME-Analyse würden die Engpässe deutlich zu Tage treten. Daraus ergeben sich dann unmittelbar Lösungsansätze für die Umsetzung.

Im vorstehenden Beispiel sehen wir, dass es relativ wenige Befugnisse (Autorität) und noch viel weniger Commitment gibt, also ganz wesentliche Faktoren für die Umsetzung des Projektes.

Durch gezielte Maßnahmen könnte hier Abhilfe geschaffen werden. Jeder gute Coach, Berater oder jede gute Führungskraft wüsste an dieser Stelle, was zu tun ist.

Durch eine stärkere Fokussierung und ein größeres Verständnis für die prozessualen Verläufe in sozialen Einheiten, würden diese besser und effizienter geführt werden können.

Die Führungswirkung ist dann offenbar. Ohne massiven Druck, unter der Wahrung des gegenseitigen Respekts und der Vermittlung gemeinsamer Werte, werden die angestrebten Ziele dann auch materialisiert.

Kapitel 7

V-I-S-E®-Prozesse

Ein großer Vorteil des V-I-S-E®-Systems ist, dass es mit fast mathematischer Genauigkeit die Wechselwirkungen der Erfolgs- und Misserfolgsfaktoren im Prozess des Lebenszyklus aufzeigen kann.

Mit dem Verständnis dieser Verläufe im Lebenszyklus lassen sich sowohl die Symptome des Missmanagements identifizieren, als auch die Symptome des Erfolges.

Wer als Unternehmenskybernetiker bewusst diese Prozesse steuern will, tut gut daran, die folgenden Funktionen und Kurven in ihrer Wechselwirkung zu verstehen und sich vor allem bewusst zu werden, dass die Wirkung des persönlichen Führungsverhaltens von ganz entscheidender Bedeutung ist.

Die wahre Führungskraft ist bereit, anzuerkennen, dass sowohl das Commitment, als auch die Angst zwei Pflanzen in ihrer Mannschaft sind, die auf ihrem Kompost (Mist) gedeihen. Ihre Führungswirkung ist der Schlüssel zu Erfolg und Misserfolg.

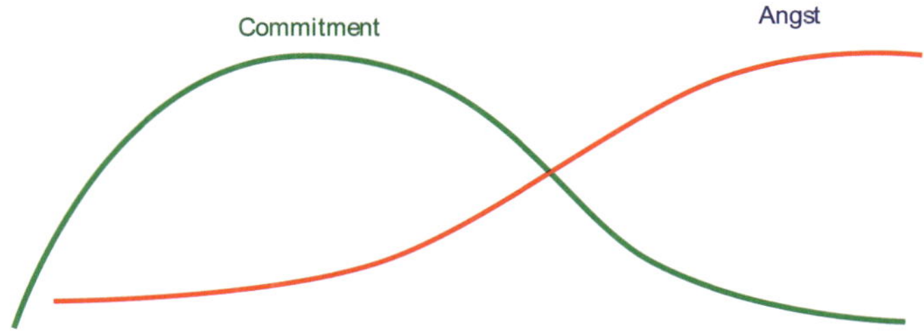

Abbildung 7.1: Motivation und Angst

Ein professionelles Human Ressource Management wird sich immer mehr dahin entwickeln, dass es in der Lage ist, die Prozesse in der Ent-Wicklung und der Ver-Wicklung eines Unternehmens noch besser zu verstehen und noch proaktiver zu steuern, statt auf Symptome zu reagieren. Auch hier macht Proagieren mehr Sinn, als Reagieren.

Ähnlich wie jemand, der rechtzeitig zum Zahnarzt geht, bevor sich die Zahnschmerzen zu Wort melden.

Nur mit einem präventiven Werkzeug, welches die Prozesse deutlich macht und den jeweiligen Standort im Prozessverlauf zeigen kann, wird es dann auch eine proaktive Steuerung der Prozesse geben können, also Unternehmenskybernetik[1] im Wortsinne. Diese Chance eröffnet sich sehr deutlich mit dem V-I-S-E®-System.

Hören wir uns an einem Beispiel die Symptome des Missmanagements an: Versuchen Sie einmal die Serviceabteilung eines großen Konzerns anzurufen und jemanden zu finden, der Ihnen bei der Lösung Ihres Problems, dem Defekt eines Haushaltsgerätes, helfen kann.

Sie werden permanent weiter verbunden und verbringen endlose Zeiten in der Warteschleife, weil Sie den wirklichen Experten nicht finden, keiner scheint zuständig zu sein. Bis Sie entnervt den Hörer mit der Bemerkung auflegen:

„Mein Gott, ist das ein bürokratischer Laden!“

Danach rufen Sie einen kleinen Handwerksbetrieb an und die freundliche Ehefrau des Handwerksmeisters verbindet Sie umgehend mit dem Servicetechniker, der Ihnen auch sofort eine Lösung anbietet.

Hier sind wir dann unverzüglich beim Thema des ersten Abschnitts, der Flexibilität und der Selbstkontrolle.

[1]Kybernetik, gr.: = die Kunst des Steuerns

7.1 Beweglichkeit und Selbstkontrolle

Für eine soziale Einheit ist es genauso wichtig wie für einen individuellen Organismus, flexibel auf die Umwelt zu reagieren.

Gleichzeitig ist es von Bedeutung, ein adäquates Maß an Selbstontrolle an den Tag zu legen. Babys sind z.B. sehr flexibel in der Verrichtung ihrer Notdurft, haben aber noch Schwierigkeiten, diesen Vorgang zu kontrollieren.

Im Laufe ihrer Entwicklung lässt die Flexibilität nach und die Selbstkontrolle nimmt (Gott sei Dank) zu. Später, im hohen Alter, geht diese Selbstkontrolle eventuell wieder verloren (Inkontinenz lässt grüßen).

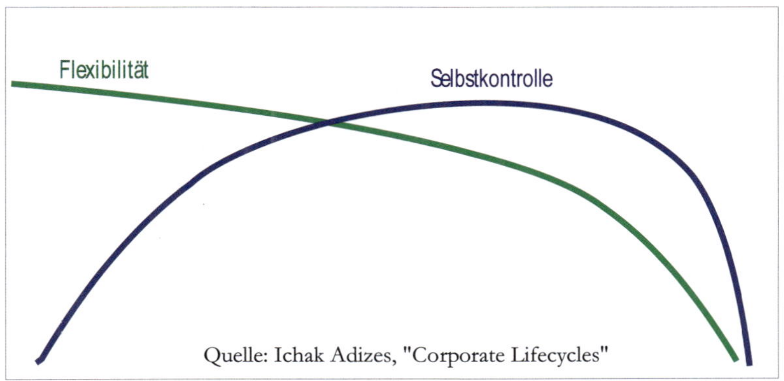

Abbildung 7.2: Flexibilität und Selbstkontrolle

In Unternehmen lassen sich entsprechende Analogien ebenfalls beobachten. In der Existenzgründerphaseist man sehr flexibel und sehr kundenorientiert, da ist der Kunde noch willkommen und König.

Der Satz: „Geht nicht, gibt's nicht!“ gehört zum Wortschatz eines jungen Unternehmens. Während der Satz: „Das dürfen wir nicht!“ bei einem sterbenden Unternehmen häufiger vorkommt, als es den Kunden lieb ist. Interne und externe Vorschriften engen die Handlungsfähigkeit ein.

Pro memoria:"S frisst V, I und E!"

Die Bereitschaft, etwas „außer der Reihe" oder außerhalb der Geschäftszeiten zu machen, geht gegen Null. Hier wird der Kunde dann eher zum Störfaktor und er empfindet sich dann zunehmend als Umsatzvehikel eines Systems, dem er zu dienen hat und nicht umgekehrt.

In der nachfolgenden Grafik ist deutlich zu erkennen, wie die Flexibilität im Verlauf des Lebenszyklus zu Lasten der Selbstkontrolle mehr und mehr nachlässt und schließlich gegen Null geht, mit der zwingenden Folge des Verschwindens vom Markt.

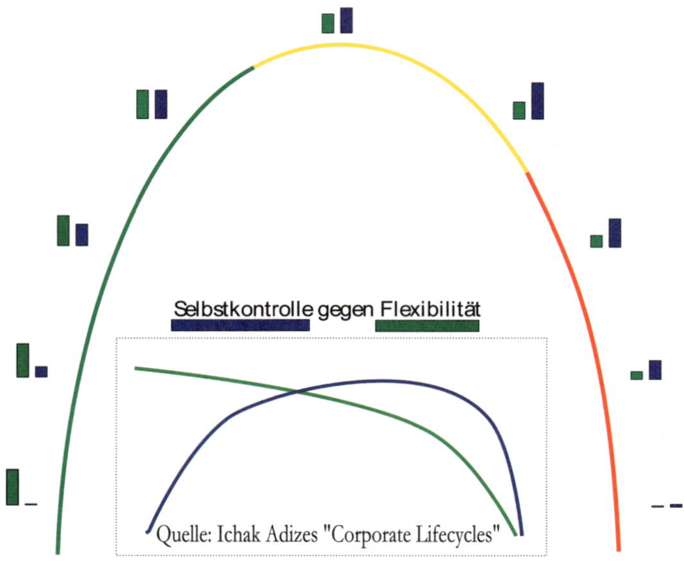

Abbildung 7.3: Flexibilität und Selbstkontrolle

7.2 Commitment und Angst

Während die Flexibilität eines jungen Unternehmens nahezu systemimmanent ist, lässt sich dies von der Intensität des Commitments nicht sagen. Commitment ist die Summe von intrinsischer Motivation[2] tiefstem Glauben, unbeirrtem, konsequenten Handeln und tiefem Vertrauen in sich selbst.

Der Tagesablauf aller Hochleistungssportler ist gekennzeichnet von permanenten körperlichen und mentalen Übungen, um im Wettkampf mental und körperlich TOPFIT zu sein, d.h. Ausschüttung von Adrenalin zum richtigen Zeitpunkt und die totale Fokussierung auf den Sieg. Sportler, die es nicht schaffen, sich genau auf den Punkt des Wettbewerbs zu fokussieren, haben das Nachsehen und müssen sich mit den hinteren Rängen begnügen. Das Verhältnis von Training und Wettkampf beträgt ca. 90:10. In der Wirtschaft ist dieses Verhältnis 2:98, d.h. für 98 „Wettkampftage“ wird 2 Tage trainiert. Jeder Sportler wäre damit sofort auf Amateurstatus reduziert und im Spitzensport chancenlos.

Mit dem V-I-S-E®-Modell wird das Commitment jetzt messbar und der V-I-S-E®-User kann unmittelbar Strategien entwickeln, die die **I**-Energie, in der sich das Commitment versteckt, nachhaltig steigert.

Da Angst der größte Feind des Commitments ist, macht es auch Sinn, sich die Ängste der Mitarbeiter anzuschauen und ggf. auch dort den Hebel anzusetzen.

Ich habe meine ersten Sporen im Schiffbau verdient und immer, wenn es der Belegschaft um mehr Lohn ging, lief das Gerücht, dass die Auftragslage schlecht wäre. Bestand die Gefahr der Abwanderung von guten Schiffbauern, passierte genau das Gegenteil, dann war die Auftragslage plötzlich auf Jahre gesichert.

Ich glaube nicht, dass es eine gute Idee ist, mit Angst ein Unternehmen zu führen (Management by terror).

[2]die von innen kommt

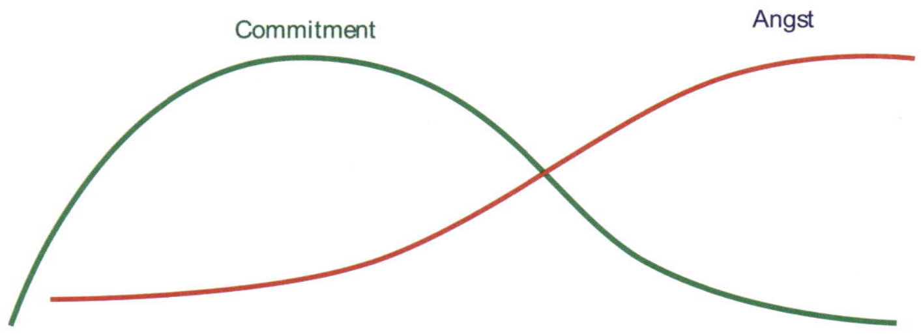

Abbildung 7.4: Commitment und Angst

Dennoch gibt es Situationen, wo es ganz entscheidend ist, der Mannschaft „Feuer unter den Hintern" zu machen, in der der Ernst der Lage verdeutlicht wird und der Weg aus der Krise klar aufgezeigt wird. So klar, dass die Mitarbeiter wieder die Sicherheit spüren, die sie für ihr Handeln brauchen.

In einem von mir betreuten Unternehmen wurden so genannte „Standardaufträge" immer häufiger mit Verlust abgeschlossen. Es war abzusehen, dass dies zum Abbau der Arbeitsplätze führen würde, da der Arbeitgeber nicht bereit war, diese Verluste auf Dauer hinzunehmen.

Die Situation wurde von mir als externem Berater im Rahmen einer Betriebsversammlung umfassend erklärt und die Konsequenzen sehr drastisch deutlich gemacht.

Trotz des Widerstandes einiger, waren andere Mitarbeiter bereit, die Abwicklung der Standardaufträge zu überdenken und in **eigener** Zuständigkeit zu reformieren. Alle Folgeaufträge wurden dann zunehmend mit Gewinn abgeschlossen und die Arbeitsplätze waren wieder gesichert.

Aus Angst wurde wieder Commitment, genährt von einem gehörigen Stück Selbstwertgefühl, welches die Mitarbeiter aus eigenem Antrieb entwickelten, denn sie hatten eine brenzlige Situation durch ihre Initiative gemeistert.

Die **V**-Energie fungierte als Retter in der Not. Die nachstehende Grafik zeigt, wie wichtig es ist, dass der Unternehmer rechtzeitig erkennt, wenn das Commitment der Mannschaft „kippt“ und die Angst größer wird als das Commitment.

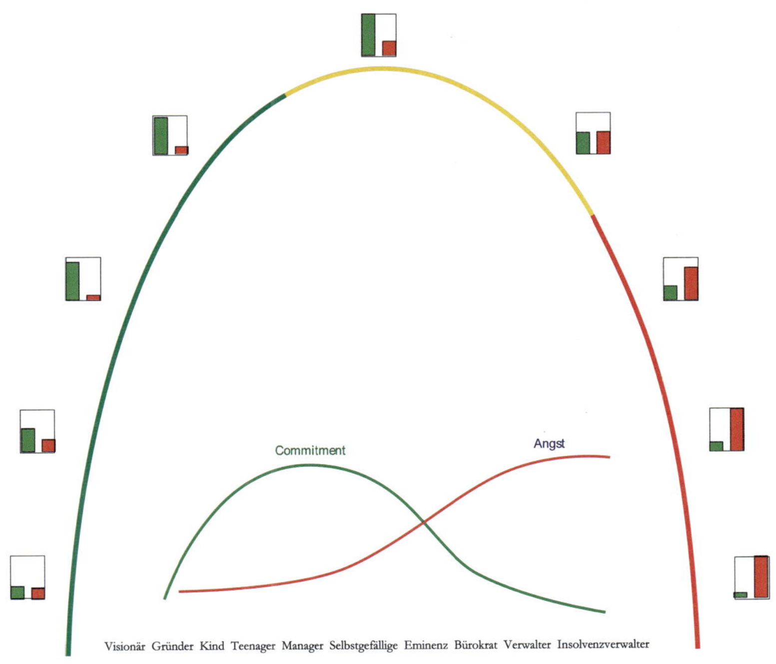

Abbildung 7.5: Die Phasen des Commitments und der Angst

Je mehr die Angst das Verhalten der Mitarbeiter bestimmt, ohne dass Auswege aus dem Dilemma erkannt und benannt werden, desto stärker ist das Unternehmen bedroht.

Im Anfangsstadium sollte der Unternehmer selbst in der Lage sein, die Situation zu bereinigen. Hat sich der Angstvirus aber schon ausgebreitet, hilft oft nur ein kompetenter und erfahrener

Unternehmensberater oder ein Mentor, dessen tägliches Geschäft es ist, Unternehmen in bedrohlichen Phasen zu unterstützen.

Hier liegt ein ganz wichtiger Aspekt der V-I-S-E®-Systematik für den V-I-S-E®-Coach und seine Auftraggeber, genauso wie für den autorisierten V-I-S-E®-Kybernetiker, nämlich zu erkennen, wann er Hilfe von außen braucht und wann er die Dinge noch selber erledigen kann bzw. sollte. Für manche Symptome reichen die Hausmittelchen, aber für andere muss man auf die Intensivstation.

Die vorstehenden Beispiele zeigen auch, wie schnell sich die Position im Lebenszyklus ändern kann, nämlich in dem Maße, wie sich Commitment und Angst in der Belegschaft verändern.

7.3 Ziele

Wann immer sich eine soziale Einheit bildet, haben die Beteiligten Ziele und interessanterweise sind es gleich mehrere, die nicht automatisch miteinander vereinbar und auch nicht allen Beteiligten bekannt sind. Es gilt, das offizielle Ziel, das Motiv, welches zur Gründung der sozialen Einheit geführt hat, auch in die Tat umzusetzen, also ein Produkt oder eine Dienstleistung in diese Welt zu bringen.

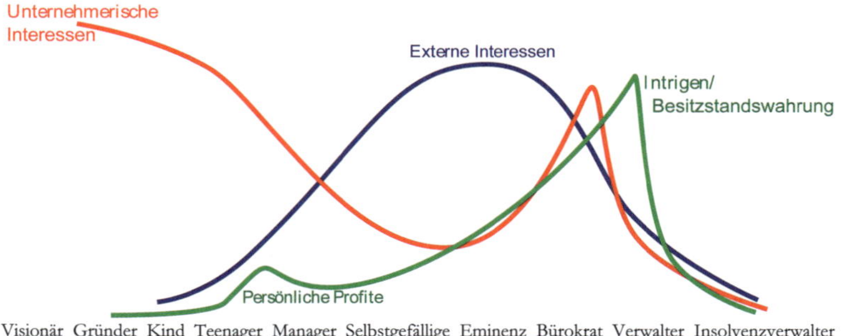

Abbildung 7.6: Unternehmerische, externe und persönliche Ziele

Die von Ichak Adizes[3] entwickelte Grafik 7.6 macht deutlich, wie sich die Intensität der verschiedenen Ziele im Verlauf des Unternehmensprozesses ändern.
Anmerkung: Die Bezeichnungen sind von mir geändert und bewusst so gewählt.

Sobald die „Produktion“ läuft und die Kunden kaufen und ihr Geld „abliefern“, zeigen sich andere Kräfte, die auch eigene Ziele haben, z. B. das Finanzamt, das ein großes Interesse an möglichst hohen Steuereinnahmen zeigt. Auch die Gesellschafter und Shareholder, die im Unternehmen nicht direkt involviert sind, haben das Ziel, einen möglichst hohen ROI zu erhalten.

Spätestens, wenn die Dinge so gut laufen, dass das Unternehmen in die Phase 3, die Teenagerphase, kommt und auch schon gutes Geld verdient wird, möchten auch die unmittelbar Beteiligten „beteiligt“ werden. Ihre ganz persönlichen Ziele sind dann mehr Geld, bessere Karrierechancen, Titel für die eigene Imagepflege werden auch gern genommen. Der Handwerker wird dann zum „Produktionsassistenten“ und die Sekretärin zur „Assistentin der Geschäftsleitung“.

Wenn die unternehmerischen, die von außen kommenden und die ganz persönlichen Ziele in der Phase 4, der „Managerphase“, befriedigt sind, halten sich die unternehmenseigenen und die von Außen herangetragenen Ziele und Interessen die Waage. Die ganz persönlichen Ziele beruhigen sich wieder und treten sozusagen in den Hintergrund.

In der Lebenszyklusdarstellung der Grafik 7.7 wird es noch deutlicher, wie sich die Einflüsse der verschiedenen Interessen im Lebenszyklus verhalten. Besonders klar kann man erkennen, wie die unternehmenseigenen Ziele sich mehr und mehr den von Außen herangetragenen Zielen unterordnen, Zielen, die sehr profitorientiert und weniger umsatzorientiert sind. Man könnte auch sagen, die Lust oder gar die Gier nach Profit ist größer, als das Interesse

[3] „Corporate Lifecycles“

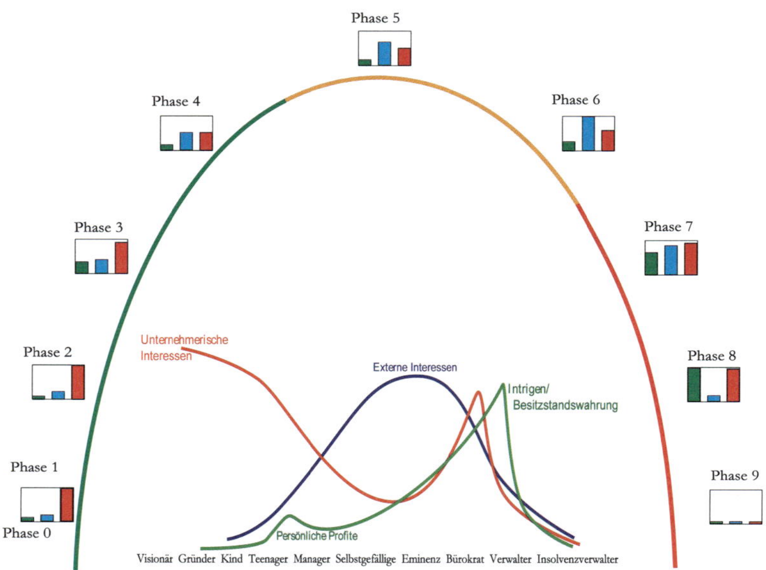

Abbildung 7.7: Unternehmerische, externe und persönliche Ziele

am Kundennutzen.

Spätestens, wenn das Unternehmen in die Phasen 7 - 8 kommt, verändern sich die Interessen auf sonderbare Weise. Das Unternehmen entdeckt wieder den Kunden und möchte noch schnell das Ruder herumreißen.

Jetzt steht die Umsatzorientierung wieder vor der Profitorientierung, die Angst wird jetzt mehr und mehr der Herr und Meister. Fast parallel zu den „Rettungsmaßnahmen“ steigen jetzt auch die ganz persönlichen Interessen.

Das Betriebsklima verschärft sich zunehmend, weil jeder darauf bedacht ist, seinen Arbeitsplatz zu sichern. Besitzstandwahrung ist ein großes Thema, welches jeder für sich alleine behandelt. Die logische Folge davon ist, dass die Suche nach Schuldigen für das Dilemma wichtiger wird, als die Suche nach Kunden.

Entsprechend verschärft sich der Ton untereinander. Schuldzuweisungen, Intrigen und Mobbing sind an der Tagesordnung. Jetzt steigt natürlich die Gefahr, dass auch die noch verbliebenen guten Mitarbeiter das Unternehmen verlassen.

Diese Phänomene sind sehr gut bei der sozialen Einheit „Bundesregierung und Bundestag“ zu beobachten, die sich spätestens seit dem Jahr 2007 schnurstracks von der Phase 7 zur Phase 8 bewegt. Die Fluktuation in den einzelnen Ministerien ist seit 2007 so hoch wie nie zuvor. Kaum jemand kennt noch die Namen der Minister.

Obwohl sich die Regierung den größten Herausforderungen seit Bestehen der „Bundesrepublik Deutschland“[4] stellen müsste, nimmt sie sich wertvolle Zeit für Personaldiskussionen und die Medien haben nichts Besseres zu tun, als zu recherchieren, ob ein Minister ein paar Tage kostenlosen Urlaub bei einem befreundeten Geschäftsmann verbracht hat.

Jeder ist bemüht, dem anderen die „Verantwortung“ (zu diesem wichtigen Thema bitte unbedingt das Kapitel 9 lesen) für das Dilemma in die Schuhe zu schieben. Echte Lösungsansätze oder gar ehrliche Analysen finden, wenn überhaupt, hinter verschlossenen Türen statt. Rechtfertigung und Schönreden sind die Hauptenergien in diesen Phasen und damit Ressourcenverschwender ersten Ranges.

Ein Topmanager in Japan, dessen Konzern sich deutlich in der Phase 7 befand, hat mir klar bestätigt, dass das genau in seinem Unternehmen passiert.

„Meine Topleute verwenden 80 Prozent ihrer Zeit darauf, sich und ihren Arbeitsplatz abzusichern, wenn ich Glück habe, engagieren sie sich in den restlichen 20 Prozent der ihnen zu Verfügung stehenden Zeit für das Unternehmen!“

Das ist natürlich eine Verschwendung von HR-Potenzial und wenig geeignet, ein Unternehmen wieder in ein sichereres Fahr-

[4]der völkerrechtliche Rechtsstatus soll hier nicht untersucht werden

wasser zu führen. Ein Unternehmer, der feststellen muss, dass sich sein Unternehmen in dieser kritischen Phase befindet, tut gut daran, sich mit einem kompetenten Unternehmenscoach zusammen zu tun, um die rein mentalen Energien **V** und **I** wieder massiv zu stärken.

Dies ist ein Prozess, der nicht unbedingt viel Geld, aber sehr viel Kompetenz und Verständnis für Unternehmensprozesse erfordert.

Ein Potenzial, über das ein autorisierter V-I-S-E®-Berater verfügt.

7.4 Autorität und Aufgabenbewusstsein

Im Verlauf des Lebenszyklus ist ebenfalls sehr interessant zu beobachten, wie sich der Aspekt der Autorität, der Fähigkeit, JA und NEIN sagen zu dürfen, gegenüber dem Rollen- bzw. Aufgabenbewusstein verändert.

Wer das Kapitel 9 „Das Prinzip der Individuellen Verantwortung“ noch nicht gelesen hat, würde an dieser Stelle wohl noch fälschlicherweise die Formulierung *Verantwortungsbewusstsein* benutzen.

Auch Ichak Adizes macht in seinen Werken diesen sehr bedeutenden Unterschied zwischen Verantwortungs- und Aufgabenbewusstsein nicht. Dennoch in Anlehnung an seine Funktionsbeschreibung die folgende Grafik:

Bei einem Start-Up-Unternehmen sind in der Startphase alle zuständig. Wenn das Unternehmen ein Problem hat, haben alle ein Problem und fühlen sich zuständig, jeder ist im Rahmen seiner Möglichkeiten bemüht, zur Lösung beizutragen.

Mit zunehmendem Alter im Lebenszyklus wird sich jeder im Unternehmen seiner Rolle mehr und mehr bewusst und in besonderen Fällen sogar in die Schranken seiner Rolle gewiesen.

„Das Denken überlassen Sie mal mir, dafür werde ich schließlich bezahlt und Sie machen gefälligst Ihre Arbeit, O.K.?“

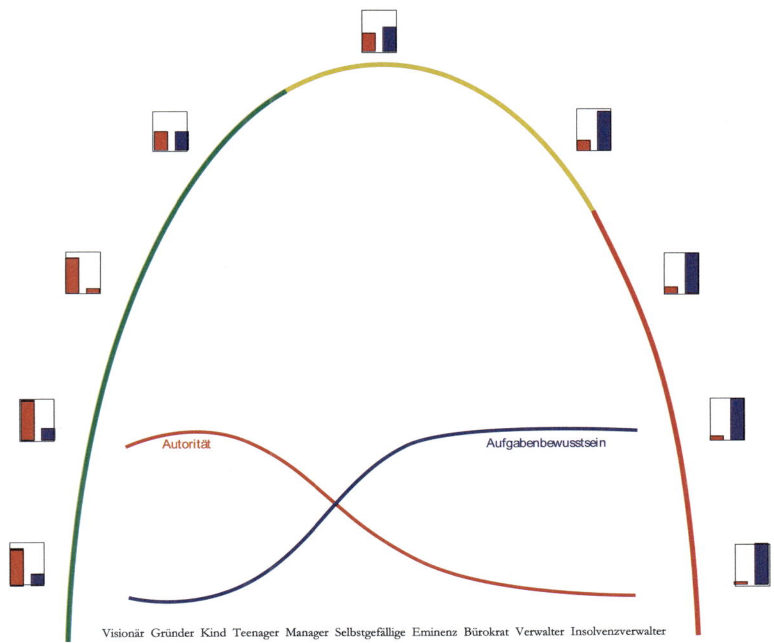

Abbildung 7.8: Autorität und Aufgabenbewusstsein

Solche Äußerungen soll es ja geben. Je weiter das Unternehmen im Lebenszyklus vorangekommen ist, desto weniger Autorität, also das Recht, JA und NEIN sagen zu dürfen, trifft man bei den Mitarbeitern an und um so besser kennen sie ihre Rolle, ihre Aufgabe.

Da gibt es dann seitenlange Stellenbeschreibungen, alles ist reguliert und administriert. Handlungs- und Entscheidungsspielräume werden eingeengt oder fehlen ganz. Hier darf man dann allenfalls noch NEIN sagen.

Wann immer ein Problem auftaucht, wird erst einmal abgetaucht und geprüft: „Bin ich überhaupt zuständig?" Dies ist einer der wichtigsten Grundsätze der Bürokratie. Für Unternehmen ist er einer der gefährlichsten. Wie die Verläufe in der Abb. 7.8 zeigen, ist es hier optimal, eine Balance zwischen dem Recht auf Autorität und der Sinnhaftigkeit eines aufgeklärten Aufgabenbewusstseins herzustellen.

7.5 Glaubenssätze im Lebenszyklus

Im Kapitel 2.1 wurde der Ursprung eines jeden Schöpfungsaktes schon beschrieben: „Es gibt keine Schöpfung ohne Idee!“ oder positiv ausgedrückt: „Hinter jeder Schöpfung steckt eine Idee!“ Wenn wir uns die V-I-S-E®-Verhältnisse unter diesem Aspekt noch einmal anschauen, können wir feststellen, dass der gesamte Lebenszyklus diesem Prinzip folgt.

Was sich im Lebenszyklus wandelt, sind die Vorstellungen (Visionen, Ideen, Glaube, Überzeugungen etc.), denen dann konsequent das Schöpferische im positiven Sinne, genauso wie das zerstörerisch Schöpferische, folgt: „Der Krieg als Schöpfer aller Dinge!“[5].

Natürlich ist die **V**-Energie nicht die einzige schöpferische Kraft, sondern gleichermaßen die **I**-, die **S**- und **E**-Energien. Nach einer V-I-S-E®-Analyse sehen wir jedoch, welche Energie dabei ist, sich durchzusetzen und das Unternehmen wachsen, altern oder sterben lässt.

Es scheint, dass der Mensch - als das wohl einzige Wesen im Ökosystem Erde - dazu in der Lage ist, aktiv oder besser pro-aktiv, also erst denkend, dann handelnd, Schöpfung zu initiieren.

Wenn wir diesem Gedanken folgen, wird klar, dass auch der Standort einer sozialen Einheit im Lebenszyklus eine zwingende Folge von Ideen ist, die ihn bewirkt haben. Das sind die Wirkungen der Führung, in diesem Buch auch Führungswirkung genannt.

Es muss dann auch klar sein, dass Change Management, Reengineering etc., erst einmal rein mentale **Gruppen**-Prozesse sind.

[5] Heinrich v. Kleist, Oswald Spengler u.a

Auch wenn Michael Gazzaniga[6] den freien Willen es Einzelnen eher negiert, so macht auch er doch deutlich, dass es in sozialen Einheiten durch Austausch und Kommunikation zu einem höheren Bewusstsein, mit entsprechend klugen Entscheidungen, kommen kann.

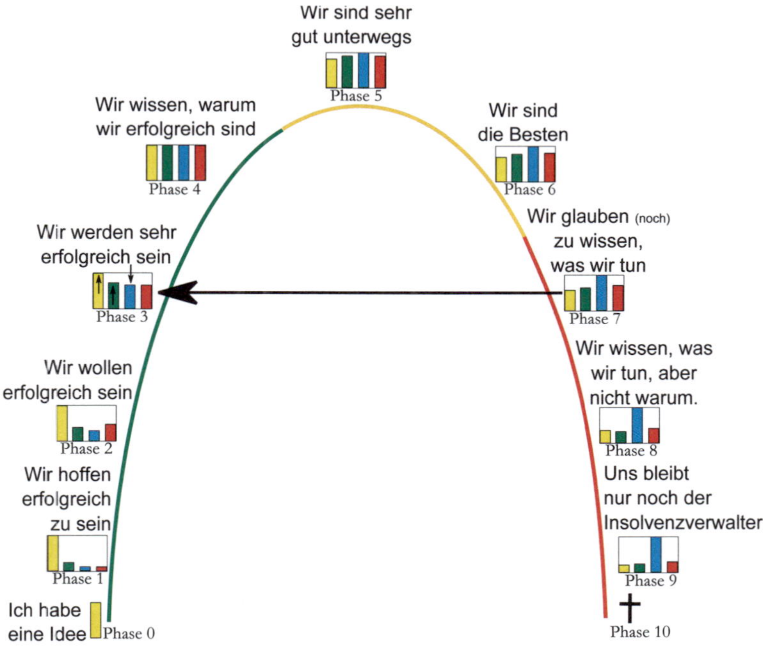

Abbildung 7.9: Wandel der inneren Haltung im Unternehmen

Wenn sich ein Unternehmen auf der rechten, der alternden oder gar sterbenden Seite im Lebenszyklus befindet, könnte es sich allein durch blitzschnelles Umdenken unmittelbar auf die linke, die wachsende Seite im Lebenszyklus, hin bewegen.

[6] „Die ICH-ILLUSION - Wie Bewusstsein und freier Wille entstehen -"

Was hindert also die Unternehmenslenker daran, es zu tun? Die mangelnde Beweglichkeit im Denken, der Versuch, mit vor langer Zeit erfolgreichen Methoden weiterhin erfolgreich zu sein. Die Unfähigkeit, Altes zu Ver-Lernen und Neues anzunehmen. *„Nichts ist so schädlich für den Erfolg, wie der Erfolg!“*

Egal von wem dieser Satz stammt, er ist eine Erfahrung, die wir alle immer wieder machen müssen. *„Hochmut kommt...!“* Na ja, Sie wissen schon...

Schöpfung und Kreation finden immer dort statt, wo wir bereit sind, uns von etwas zu lösen und etwas Neues zuzulassen. In der vorstehenden Abb. 7.10, (eine Art psychologischer Skala), sehen wir an einem Beispiel den Wechsel von Phase 7 zur Phase 3. Was hat sich verändert?

Auf den ersten Blick lediglich die **V**-Energie und vor allem die innere Haltung **(I)** von

„Wir glauben (noch) zu wissen, was wir tun!“
hin zu
„Wir werden sehr erfolgreich sein!“

Ob das wohl ein kleiner, aber bedeutender Unterschied ist?

Wenn der Standort Phase 7 durch eine V-I-S-E®-Analyse erkannt wurde und die erforderlichen Schritte gemacht wurden, wird die Erfolgskontrolle durch eine erneute V-I-S-E®-Analyse sichtbar machen, dass sich auch die Qualität der **I**-Energie leicht positiv gewandelt hat, aus Angst wurde peu à peu Commitment.

Dabei wird sich die Quantität noch nicht notwendigerweise stark geändert haben. Allerdings wird spätestens im Prozess des Wandels die **S**-Energie stark reduziert und kreatives, junges, frisches **S** eingeführt und altes **S** überflüssig gemacht. Die materiellen Umstände der **E**-Energie werden sich auch noch nicht wesentlich verändert haben. Auch die Bilanz sieht nicht viel anders aus, nur mit einem gravierenden Unterschied:

Der V-I-S-E®-Kenner und -Kybernetiker weiß sofort:

„Wir sind wieder ein wachsendes Unternehmen, mit der berechtigten Aussicht, Geld zu verdienen!“

Im Gegensatz zum festgefahrenen Unternehmer, der sagen muss:

„Wir glauben (noch) zu wissen, was wir tun, haben aber wenig Hoffnung, Geld zu verdienen, der Markt (die Konjunktur, die Politik, die Rezession etc.) ist gegen uns!“

Für Banken, die noch Kredite an Unternehmen vergeben, dürfte die V-I-S-E®-Fremdanalyse geradezu die richtungsweisende Analyse sein. Zu wissen:

„Investieren wir in ein wachsendes oder ein sterbendes Unternehmen?“ dürfte die Storno- bzw. Abschreibungsquote für faule Kredite erheblich senken.

V-I-S-E®-Kenner wissen wo der Hebel für den Erfolg anzusetzen ist, weil sie definitiv verstanden haben:

„Einer powervollen Idee folgt die powervolle Materialisierung!“

Also macht es Sinn, auf der informellen und geistigen Ebene den Erfolg zu suchen, oder?

Erfolg hat der, der seinen Ideen folgt.

Kapitel 8

Arbeiten mit der Analyse-Software

8.1 Das V-I-S-E®-Konzept

Im Folgenden wird das Konzept für die Anwendung der browserbasierten V-I-S-E®-Software beschrieben, aus der unter anderem deutlich werden kann, in welcher besonderen Weise die Ausbildung zum autorisierten V-I-S-E®-Professional und die Werkzeuge V-I-S-E®-Buch und -Software in ihrer Kombination eine sehr kompetente und schnelle Beratung sowie eine adäquate Entscheidungsfindung ermöglichen.

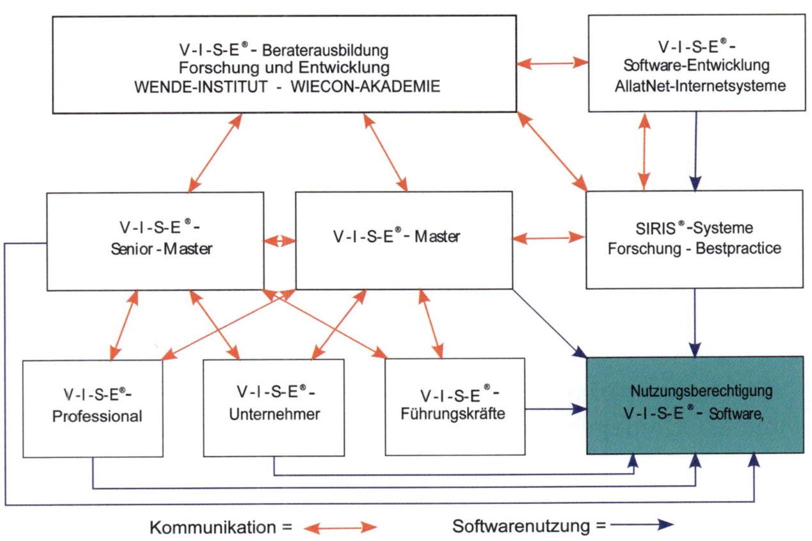

Abbildung 8.1: V-I-S-E®-Struktur

Die Hier-und-Jetzt- bzw. die Just-in-time-Beratung bekommt mit der zunehmenden Geschwindigkeit des Wandels einen immer höheren Stellenwert.

Die Ablaufübersicht Abb. 8.1 unterscheidet den autorisierten V-I-S-E®-Berater vom autorisierten V-I-S-E®-Unternehmer und dem autorisierten V-I-S-E®-Kybernetiker.

Während der autorisierte V-I-S-E®-Professional sich die E-Mail-Adressen der Mitglieder des Unternehmens geben lässt, welche an der V-I-S-E®-Analyse teilnehmen sollen, kann der autorisierte V-I-S-E®-Unternehmer oder -Kybernetiker (Führungskraft) seine Mitglieder bzw. Mitarbeiter, die an der Analyse teilnehmen sollten, direkt einladen.

Der Vorteil bei der Vorgehensweise über den V-I-S-E®-Professional liegt darin, dass die Umfrage für die Teilnehmer anonym bleibt und die Mitarbeiter aus freiem Herzen ihre Einschätzung abgeben können. Der Unternehmer bekommt keinen direkten Zugriff auf die einzelnen Einschätzungen seiner Mitarbeiter, sondern immer nur den Querschnitt im Gesamtergebnis.

Das Wissen um die konkreten Aussagen des einzelnen Mitarbeiters hat keine wirkliche Bedeutung für die V-I-S-E®-Analyse, sondern es geht hier um die Summe des Denkens und Fühlens im Unternehmen und nicht um Gesinnungsschnüffelei, sondern um das Messen der V-I-S-E®-Energien.

Der Vorteil der direkten Umfrage durch den V-I-S-E®-Unternehmer liegt darin, dass ihm die Daten sofort zur Verfügung stehen und nicht erst vom V-I-S-E®-Professional übermittelt und erklärt werden müssen.

Ein Nachteil könnte sein, dass die Mitarbeiter im Wissen um die mögliche Offenlegung ihrer Bewertung einem Einfluss unterliegen, der es ihnen schwer macht, die Umfrage unbefangen zu beantworten.

Dieser Nachteil könnte unbedeutend werden, wenn der autorisierte V-I-S-E®-Unternehmer oder -Kybernetiker - vielleicht mit der Unterstützung eines V-I-S-E®-Professionals - es schafft, die Mitarbeiter von der Wichtigkeit und der Bedeutung einer ehrlichen Einschätzung zu überzeugen und Garantien für den Datenschutz abgibt.

Wichtig wäre auch, dass eine solche Umfrage auf Freiwilligkeit beruht. Das Prinzip der Freiwilligkeit gilt natürlich auch für eine Umfrage durch den V-I-S-E®-Professional.

8.2 Registrieren der Analyseteilnehmer

Wenn die Vorarbeit und die Kriterien des Datenschutzes geklärt sind, steht der nächste Schritt an, das Registrieren der Teilnehmergruppe. Der V-I-S-E®-Professional, -Unternehmer oder -Kybernetiker lädt möglichst alle Mitglieder (Führungskräfte und Mitarbeiter) einer sozialen Einheit per E-Mail ein, um an einer V-I-S-E®-Standortanalyse teilzunehmen und benennt sie als Gruppe.

Bei kleineren Unternehmen sollten es möglichst alle Beteiligten sein, bei größeren Unternehmen ab 200 Mitarbeitern reicht ggf. ein repräsentativer Querschnitt, von der Putzfrau über die Hilfskräfte bis hin zur Geschäftsleitung.

Es ist ein klassischer Fehler, wenn der Berater glaubt, allein mit der Geschäftsleitung und den Führungskräften einen aussagefähigen V-I-S-E®-Standort im Lebenszyklus zu bekommen. Deshalb ist es wichtig, auch eine möglichst große Zahl der Mitarbeiter an der Analyse zu beteiligen.

Ist das Unternehmen in verschiedene Abteilungen gegliedert, macht es Sinn, die einzelnen Abteilungen in jeweils einer Gruppe zu erfassen und einer V-I-S-E®–Analyse zu unterziehen. Die Summe der Ergebnisse ergibt dann das Gesamtergebnis mit dem Standort des Unternehmens im Lebenszyklus.

Natürlich kann dann auch der Standort der einzelnen Abteilungen bestimmt und bei der späteren Auswertung berücksichtigt werden. Möglicherweise zeigen sich bereits hier spezielle Engpässe in der einen Abteilung und andere in einer anderen Abteilung.

8.3 Auswertungen des Standorts im Lebenszyklus

Die Software liefert Textbausteine, deren Inhalt sich in 20-jähriger Analysepraxis bestätigt hat, eine kurze Erst-Einschätzung der Lage, eine Übersicht, die bereits sehr hilfreich sein kann. Die ersten Schritte, die sich aus dieser Einschätzung ergeben, haben etwas vom Pareto-Prinzip.

Häufig können 80 Prozent der erforderlichen Schritte und Änderungen schon mit dieser allenfalls 20-prozentigen Schnellauswertung getätigt werden. Die restlichen 20 Prozent müssen manchmal in anspruchsvoller Kleinarbeit mit einem Aufwand von 80 Prozent an Arbeitseinsatz abgedeckt werden. Je nach Lage des Standorts sind dies natürlich nur grobe Orientierungen, die sich aber durchaus in der Vergangenheit bestätigt haben.

Während die Bestimmung des Standortes einen ersten, groben Überblick erlaubt, bietet der Querschnitt der Einzelaussagen schon deutliche Informationen, an welcher Stelle ggf. sinnvollerweise Einfluss genommen werden sollte. Hier zeigt sich schon sehr deutlich, was noch mehr kommuniziert und welche Überzeugungsarbeit noch geleistet werden sollte.

Derzeit wird der sehr bewährte Aussagenkatalog (Standard) mit 32 Aussagen und die ausführlichere Komfortvariante mit 80 Aussagen angeboten[1]. Als besondere Luxusvariante ist auch ein speziell für den Auftraggeber zugeschnittener Aussagenkatalog machbar.

Dem V-I-S-E®-Anwender, egal ob Coach, Unternehmer oder Führungskraft, muss es überlassen bleiben, wie tief er in die Auswertung und Analyse abgegebener Einschätzungen geht. Je nach Verständnisgrad aller Beteiligten und der Lage im Standort macht es Sinn, sehr tief einzusteigen oder es vorerst bei Einzelmaßnahmen zu belassen und mit einer später durchgeführten, erneuten

[1] Die Anzahl der Aussagen kann sich ändern

V-I-S-E®-Analyse zu ermitteln, ob die Maßnahmen gewirkt haben und was sich geändert hat. Zu viele Änderungen schaffen eventuell eine nicht mehr gewollte und destruktive Unruhe im V-I-S-E®-Konflikt.

Wie schon im Kapitel 7, Abschnitt 7.5 erwähnt, gilt es, die mentalen Prozesse in die richtige Richtung zu lenken. Dies sollte aber so klar und strukturiert erfolgen, dass der wichtigste Aspekt im V-I-S-E®-Prozess, das Commitment, die I-Energie, immer mit im Fokus etwaiger Fortbildungsmaßnahmen steht.

In schwierigen Fällen hat jeder V-I-S-E®-Anwender die Möglichkeit, das Experten-Netzwerk zu nutzen, ein ganz besonderer Vorteil und Nutzen, den das V-I-S-E®-System bietet.

8.4 Auswertung eines Managementprofils

Das Managementprofil ist eine weitere Leistung des V-I-S-E®- Systems, sozusagen das i-Tüpfelchen. Hier hat der Unternehmer bzw. die Führungskraft die Möglichkeit, mit der SELBSTBILD-Funktion sein ganz persönliches Managementprofil zu entdecken. Vorausgesetzt er nimmt die Aussagen als Grundlage für eine wertfreie Analyse und bearbeitet die Aussagen, ohne ein (vor-)bestimmtes Ergebnis erzielen zu wollen.

Es muss klar ein, dass ein richtiges Managementprofil nur eines ist, das mit der Person stimmig ist. Authentizität heißt, sich in seinem wahrhaften Sosein zu erkennen und ist sicher einer der Schlüssel zum persönlichen Glück und Erfolg.

Bei der ebenfalls angebotenen FREMDBILD-Funktion muss sich derjenige, der sich ein Bild von einer anderen Person machen möchte, darüber im Klaren sein, dass das Ergebnis nicht dem tatsächlichen Managementprofil dieser Person entspricht und auch nicht entsprechen kann.

Je nach dem, wie derjenige, der ein Fremdbild machen möchte, den anderen schon kennt oder glaubt den anderen zu kennen, wird sich das Ergebnis dem tatsächlichen Profil nähern oder auch entfernen. Diese Funktion sollte deshalb mit Vorsicht, Bedacht und Respekt genutzt werden.

Wenn ein Unternehmer es schafft, seine Führungsmannschaft von der Werthaltigkeit und der Wichtigkeit des Managementprofils zu überzeugen, wird diese auch bereit sein, ihrerseits die SELBSTBILD-Analyse durchzuführen und im Führungsgremium zu besprechen.

Dies führt zu einem höheren, gegenseitigen Verständnis und gleichzeitig erhöht sich die Akzeptanz untereinander deutlich. Die nachstehende Grafik zeigt noch einmal den „normalen" Konflikt in Geschäftsleitungen, Abteilungen, im Büro oder in der Werkstatt, siehe auch Kapitel 4 (Managementprofil).

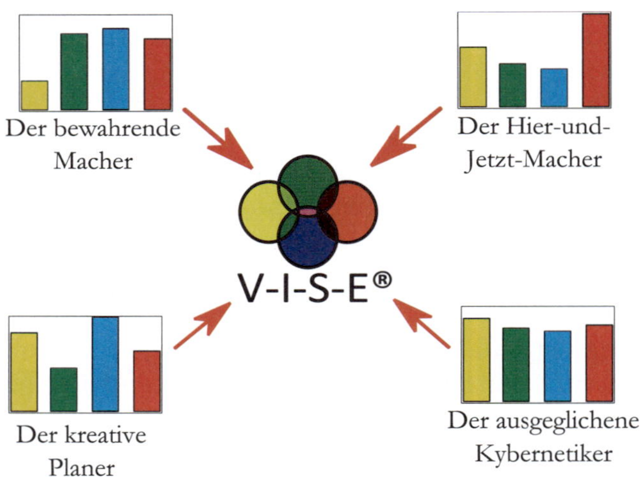

Abbildung 8.2: Wer hat Recht?

Kapitel 9

Das Prinzip der Individuellen Verantwortung -PIV-

9.1 Ein präziser Sprachgebrauch

Ein präziser Sprachgebrauch schafft präzise Ergebnisse. „Du, gib' mir mal einen von den großen Bolzen!“, sagte vor 500 Jahren ein Bauer zum Dorfschmied, dem damaligen „Schraubenspezialisten“. Dieser folgte ohne weiteres seinem Begehren, denn er hatte nur eine Sorte und schon war der Schaden an der Wagendeichsel wieder behoben.

Mit den gleichen Worten würde heute der Flugzeugmechaniker eines modernen Verkehrsflugzeuges vom Schraubenspezialisten nur einen verständnislosen Blick oder ein herzhaftes Gelächter ernten. Erst eine präzise Angabe von Maß, Material, Qualität und Form oder die exakte 12-stellige Artikelnummer würde zu dem gewünschten Bolzen führen.

Eine der Grundvoraussetzungen für Spitzenleistungen in der modernen Technik ist die absolute Präzision in der Sprache. Ohne Präzision der Sprache würde kein Computer programmiert werden können.

Eine präzisere Nutzung wichtiger Wörter kann dazu führen, dass auf dem Gebiet des Managements ebenfalls außerordentliche Leistungen vollbracht werden! Missverständnisse und mangelhafte Kommunikation sind die häufigsten Ursachen für Fehler, die manchmal in Katastrophen enden.

Halten wir noch einmal fest: Die gegenwärtige ökonomische und ökologische Situation ist weltweit schlicht und einfach das Ergebnis nicht weiter entwickelter Führungs- und Managementqualitäten. Wir sind also von Missmanagement umzingelt. Warum?

Sind die Führenden in der Wirtschaft nicht klug genug oder moralisch ungeeignet? Mitnichten! In Gesprächen mit den klügsten und fähigsten Köpfen wird der Tenor ihres Handelns immer wieder deutlich: „Ich möchte doch nur das Beste (für die Firma, die Menschen, die Kunden)!“ Aber warum erreichen sie es dann nicht dauerhaft? Meine These:

Weil wir es seit Plato und Sokrates nur geschafft haben, unsere Sprache in den Bereichen der Wissenschaft und Technik unter dem Zwang des Wettbewerbs so zu verfeinern und zu präzisieren, dass daraus auch die bekannten und gerne genutzten Spitzenleistungen (Mobilität, Unterhaltungselektronik, Avionik, IT-Kommunikation etc.)entstanden sind.

In den Bereichen des Führens von sozialen Einheiten hat es kaum Fortschritte gegeben, entsprechend haben wir auch gesellschaftlich kaum Fortschritte gemacht.

Jetzt wird der Zwang des Wettbewerbs auch in der Führung von Unternehmen Einzug halten und das HR-Management weit über psychologische Tricks und Erkenntnisse hinaus zur Steigerung der Wettbewerbsfähigkeit beitragen.

Sprache und Sprachbarrieren hatten bislang (ob bewusst oder unbewusst, soll hier egal sein) den Zweck, die eigenen Ziele (Macht, Besitz und Reichtum) zu verfolgen und zwar auf der Ebene des Führens von Völkern oder der Ebene einer Branche oder eines Unternehmens.

Dass Sprache auch zur Vermittlung von Weisheit, Verständnis und Motivation dienen kann, wird am Beispiel des chinesischen Schriftzeichens 大自然 = Da-zirán = Natur besonders deutlich:

Da-zirán heißt soviel wie „Das-Große-von-selbst“. Heute spricht man in China nur noch von 自然 = Zirán, also „Von-selbst“. Das „Da“, das Große, die Achtung und der Respekt vor der Natur, die wie von selbst funktioniert, ist verloren gegangen. Entsprechend rücksichtslos verhalten sich viele Menschen weltweit, auch in China.[1]

Nun ist es nicht das Anliegen dieses Buches, die deutsche oder gar alle Sprachen, zu präzisieren. Doch meiner Ansicht nach kann es schon den so oft beschworenen Quantensprung im 21. Jahrhundert geben, wenn wir allein das Wort **Verantwortung** in seiner wirklichen Bedeutung verstehen und die Erkenntnisse daraus in die Praxis umsetzen.

Gerade in der Anwendung des V-I-S-E®-Modells bekommt es dann auch entsprechend seine besondere Bedeutung.

Dennoch habe ich es mir nicht verkniffen, auch auf die tiefere Bedeutung anderer Wörter partiell einzugehen. Sprache ist generell so bedeutungsvoll, also voller Bedeutung, dass es geradezu Sünde wäre, diese Gelegenheit nicht zu nutzen.

In dem Maße, wie wir uns der Be-Deutung unserer Wörter bewusst werden, werden wir auch ein Folgenbewusstsein für unsere Sprache entwickeln. Dies ist besonders für Führungskräfte sehr wichtig, denn sie führen über die Sprache (im günstigsten Fall auch durch das gute Beispiel).

In meiner langjährigen Praxis als Management-Trainer, -Berater und -Coach habe ich, auch bei mir selbst, den nachlässigen Gebrauch der Sprache als eine der Hauptursachen für Missverständnisse und den daraus resultierenden Fehlern erlebt.

Aber nicht alle Personen in führenden Positionen, wie Politiker, Manager, Unternehmer, Gruppenleiter, Eltern u.a (und wer will, darf sich auch als Individuum angesprochen fühlen) gebrauchen Wörter bewusst nachlässig. Sie sind sich meistens nur nicht darüber im Klaren, dass sie die Wörter nicht immer klar und bedeutungsgerecht benutzen.

Verfolgen wir einfach auf den nächsten Seiten, welche hoff-

[1] Hier müsste es eigentlich voraus-sichts-los heißen, denn rücksichtslose Menschen haben die Eigenschaft, kein Folgenbewusstsein zu haben und handeln daher nicht vor-sichtig genug, also nicht vorausschauend.

nungsvolle Wirkung wir schon erreichen können, wenn nur das Wort Verantwortung seiner Bedeutung entsprechend benutzt und angewandt wird.

9.2 Schlüsselelemente der Verantwortung

Um dem Thema weiter auf die Schliche zu kommen, untersuchen wir als nächstes erst einmal die grundsätzlichen Voraussetzungen, die gegeben sein müssen, bevor Verantwortung wirklich getragen werden kann, und zwar so, dass dieses Tragen auch in seiner Wirkung zu spüren ist. Verantwortung lässt sich sinnvollerweise in drei Hauptkomponenten aufteilen:
Aufgabe, Entscheidung und Folgen, die Folgen wiederum unterteile ich dann noch in Taten, Ergebnisse und Haftung:

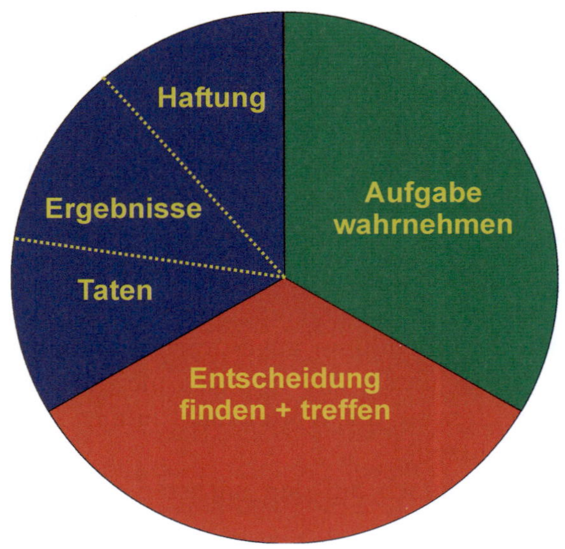

Abbildung 9.1: Elemente der Verantwortung

Als Erstes bedarf es einer Aufgabe, die jemandem aufgegeben bzw. von diesem angenommen wird. Ohne diese Annahme ist ein *Tragen* von Verantwortung von vornherein ausgeschlossen. Allerdings gibt es auch Aufgaben, die man sozusagen automatisch bekommt, ohne dass die Annahme noch zur Diskussion steht.

Ein Beispiel: Ein Mann und eine Frau verbringen eine wundervolle Nacht miteinander und neun Monaten später wird ein neuer Erdenbürger geboren. Damit ist klar:

Mit der Zeugung ist auch die Vater- und die Mutteraufgabe gezeugt worden und spätestens bei der Geburt wird sie dann offenbar.

Als Nächstes wird der Aufgabenträger das Recht bzw. die Pflicht haben müssen, Entscheidungen zu treffen, denn ohne eine Entscheidungsbefugnis kann eine, wie auch immer geartete Aufgabe oder gar *Verantwortung* nicht wahrgenommen werden.

Dies gilt auch für soziale Einheiten, selbst wenn eine Firma sich zur Aufgabe gemacht hat, gutes Speiseeis zu machen, so ist es barer Unsinn, wenn der Chef die Aussage macht:

„Wir stehen in der Verantwortung für die Herstellung von gutem Speiseeis!"

Denn die Folgen seines Speiseeises für den Konsumenten, weder gute Geschmackserlebnisse noch eine Lebensmittelvergiftung, kann der Chef auch beim besten Willen nicht tragen.

oder der Ministerpräsident eines Volkes sagt:

„Wir stehen in der Verantwortung für den Frieden dieser Welt!"

Auch die Folgen der weltweit stattfindenden Kriege möchte und kann und will der Herr Ministerpräsident ebenfalls nicht tragen.

Eine soziale Einheit mag sich einer Aufgabe stellen, die Entscheidungen im Rahmen dieser Aufgabe sollten jedoch von Personen getroffen werden, die hoffentlich ein ausgeprägtes Folgenbewusstsein haben. Das würde bedeuten, dass sie sich über die Folgen ihrer Entscheidungen sehr klar sind. Gerade Reagierer (siehe

Kapitel 1.4)lassen oft die entsprechende Klarheit (= Bewusstsein) vermissen.

Nachdem die mentale Entscheidung gefallen ist, ergibt sich die dritte Komponente, in der sich die Entscheidung in den Folgen materialisiert.

Die Folgen wiederum unterteile ich in weitere drei Unterkomponenten, nämlich in die Taten (Handeln), in die sich daraus ergebenden Ergebnisse (Resultate) und in das ganz wesentliche Element unserer Zeit, die Haftung. Denn wenn Verantwortung wirklich einen Sinn haben soll, bekommt sie ihn spätestens bei der Haftung, dem wirklichen Folgentragen. Womit wir wieder beim Folgenbewusstsein wären.

"*Die Kunst der neuen Zeit ist es, Haftung zu delegieren!*"erzählte mir einmal ein Staatssekretär aus dem Bundesfinanzministerium in den achtziger Jahren.

Auf Deutsch: Andere für die Folgen der eigenen Verfehlungen bezahlen zu lassen, scheint also geradezu eine Kunst zu sein. Eine Kunst, die viele beherrschen. Das Versicherungsunwesen verdient sich mit dieser Kunst eine goldene Nase, Big Pharma und Big Medica ebenso. Von Folgenbewusstsein also nicht die Spur eines Schattens.

Für die Unwissenheit, also dem mangelnden Folgenbewusstsein derer, die sich mit Junk Food vollstopfen und sich ihre krankhaften Folgen von den Krankenkassen bezahlen lassen, müssen die, die durch kluges Verhalten Nettozahler sind, weil sie selbst keine Krankheiten verursachen, kräftig mitbezahlen. Hier scheint mir ein gravierender Missbrauch des durchaus ehrenwerten Solidargedankens vorzuliegen.

Wenn die Teilnehmer in diesem Solidarkreis aber kein Folgenbewusstsein haben, geht auch eine Solidargemeinschaft, egal ob es sich um eine Firma, einen Verein oder ein Volk handelt, zugrunde.

Also sind sich ein Vater, eine Mutter, ein Unternehmer oder eine andere Führungskraft ihrer Aufgabe bewusst, darf und sollte man von *Aufgabenbewusstsein* sprechen.

Im vollen Bewusstsein dieser Aufgabe wird sich ein Vater, eine Mutter oder ein Unternehmer auch entsprechend um diese Aufgabe kümmern und nicht irreführenderweise von Verantwortung reden. Denn der Vater, die Mutter oder der Unternehmer werden sich im Klaren darüber sein müssen, dass sie die Folgen ihrer Entscheidungen und Handlungen niemals alleine tragen können.

Das Wort *Folgenbewusstsein* passt hier sehr gut, wenn man sich über die Folgen der Wahrnehmung seiner Aufgabe im Klaren, also *bewusst*, ist.

9.3 Verantwortung in der Realität

Die nachfolgende Matrix zeigt auf der Waagerechten die eher mentalen Aspekte: Aufgabe und Entscheidung sowie dann die materiellen Aspekte: Tun, Resultate und Haftung. Auf der linken Seite sind beispielhaft einige interessante Positionen untereinander (vergleichend) aufgeführt.

Position/ Tätigkeit	Verantwortung JA	Verantwortung NEIN	Auf-gabe	Entschei-dung	TUN	Ergeb-nisse	Haf-tung
Bundeskanzler f.d. Richtlinien d. Politik		X	100%	20%	0,001%	0,001%	0,001%
Unternehmer f. 99 Mitarbeiter		X	100%	80%	1%	5%	3%
Solo-Bergsteiger ohne Angehörige	X		100%	100%	100%	100%	100%

Abbildung 9.2: Verantwortung in der Realität

Bei der Betrachtung der Zeile für den Bundeskanzler stellen wir fest, dass es zu 100 Prozent seine Aufgabe bleibt, die Richtlinien der Politik zu bestimmen. Dass er bei der Wahrnehmung dieser Aufgabe keine 100-prozentige Entscheidungsfreiheit mehr hat, soll uns auch in einer parlamentarischen Demokratie nur Recht sein. (Übrigens, die Prozentangaben sind Durchschnittswerte aus vielen Seminaren zu diesem Thema und haben nicht den Anspruch wissenschaftlicher Genauigkeit.)

Wenn es nun an das Tun, also an die Umsetzung der Entscheidungen geht, sehen wir, dass die Prozentsätze nur noch minimal sind, sowohl beim Bundeskanzler als auch beim Unternehmer, dies liegt in der Natur der Sache.

Selbst bei besten Resultaten partizipieren die Führungskräfte nur zu einem geringen Teil davon. Denn je höher die Position und die Anzahl der Mitarbeiter und Entscheidungsfolgenträger sind die Resultate, die sie produzieren, positiv wie negativ. Sind die Resultate positiv, partizipieren die vielen Folgenträger, sind sie negativ, partizipieren sie ebenfalls - der Bundeskanzler wie der Unternehmer - immer nur zu einem geringeren Teil. Wie groß diese Teile auch immer sein mögen, sie sind erheblich kleiner als die Summe der Folgen.

Gehen wir die Matrix für den Bundeskanzler einmal an einem Beispiel durch: In Anbetracht der Staatsfinanzen entwickelt er die Idee einer neuen Steuer. Das gehört 100-prozentig zu seinen Aufgaben. Bei der Entscheidung über diese Steuer wirken schon viele Experten, Berater, das Kabinett und dann natürlich auch der Bundestag/-rat mit. Also bleiben ihm noch ca. 20 Prozent. Jetzt ist die Entscheidung mit den nötigen Mehrheiten gefallen und muss umgesetzt werden.

Ein Heer von Beamten und Angestellten sorgt dafür, dass die Steuer in der Praxis auch „eingetrieben“ wird. Der Kanzler selbst ist nur mit 0,0...01 Prozent am Tun beteiligt. Nicht, weil er so faul ist, sondern weil es anders gar nicht geht. Je höher die Position, umso geringer der Anteil an der praktischen Umsetzung.

Wenn es positiv läuft, wird die Steuer ein voller Erfolg und der Haushalt ist nahezu saniert. Der Kanzler ist stolz und hat gute Umfrageergebnisse, dennoch hat das Resultat so gut wie keine konkreten Auswirkungen auf seinen persönlichen Geldbeutel. Also wieder nur 0,0...01 Prozent. Wenn es negativ läuft, stellt das Bundesverfassungsgericht nach 3 Jahren fest, dass die Steuer verfassungswidrig ist und alles zurückgezahlt werden muss.

Das führt nun unmittelbar zum Staatsbankrott. Zu wie viel Prozent ist der Kanzler nun an den Gesamtfolgen beteiligt? Immer noch zu 0,0...01 Prozent.

Noch deutlicher wird es, wenn es um die Haftung geht. Haben Sie irgendwo auf dieser Welt schon einmal von einem Politiker gehört, der auch nur die Bereitschaft gezeigt hat, die Haftung für seine Fehler voll zu übernehmen?

Im günstigsten Fall haben sie die „politische Verantwortung" übernommen und sich davongestohlen. Andere haben sich das Leben genommen oder es wurde ihnen genommen. Ja und? Hat das wirklich etwas mit Folgentragen, dem Tragen der eigentlichen Folgen, zu tun? 0,0...01 Prozent! Bleibt die Frage, inwieweit sie ein Folgenbewusstsein hatten?

Es ist keine Frage der Ehrenhaftigkeit, denn selbst wenn der Politiker es wollte, könnte er nicht dafür haften, weil die Dimensionen jeden tragbaren Rahmen sprengen. Was allerdings einem Politiker zur Ehre gereichen würde, wäre, wenn er aus den begangenen Fehlern lernen und das Amt entsprechend qualifizierter weiterführen und sich nicht klammheimlich, mit einer guten Pension versehen, verdrücken würde.

In der zweiten Zeile der Matrix gilt für den Unternehmer Ähnliches. Im nächsten Abschnitt werde ich genauer auf die Umstände in der Wirtschaft eingehen. Hier geht es vorläufig nur darum aufzuzeigen, dass es innerhalb der Wahrnehmung einer Aufgabe schlicht unmöglich ist, für andere die Folgen zu tragen. Im Falle des großen wirtschaftlichen Erfolges wird er den größten Teil der Gewinne mit Recht für sich beanspruchen. Im Falle einer Pleite wird er die Folgen für die 99 Mitarbeiter - nämlich die Arbeitslosigkeit - nicht tragen können und auch nicht wollen.

Erst am Extrembeispiel eines alleinstehenden Bergsteigers (ohne Verwandte), der heimlich den Mont Blanc besteigen will und den Gipfel auch erreicht, können wir für alle Komponenten 100 Prozent vergeben. Denn die Freude der Gipfelbesteigung teilt er zu 100 Prozent mit sich allein und falls er in seiner Überschwenglichkeit ausrutscht und dabei zu Tode stürzt, trägt er die Folgen auch allein. Nicht einmal die Bergwacht wird tätig werden müssen.

Hier wird deutlich, dass wirkliche, echte Verantwortung nur dann gegeben ist, wenn der Beauftragte in allen Bereichen die Folgen selber trägt. Deshalb spreche ich im Folgenden nur noch vom Prinzip der Individuellen Verantwortung (= PIV), gesprochen: „pe-ie-fau". Zur Klarstellung eignet sich auch hier die chinesische Schrift ganz wunderbar. Das alte Schriftzeichen 任重 = Verantwortung heißt direkt übersetzt „sich als Mensch einer (wichtigen) Aufgabe widmen" oder „als Mensch eine Bürde tragen". Hier kommt das Folgentragen gar nicht erst vor.

Der Autor und Unternehmensberater Reinhard K. Sprenger schreibt in seinem Besteller „Das Prinzip Selbst-Verantwortung":

„Die Verantwortung für alles, was Sie tun oder lassen, beginnt bei Ihnen und endet bei Ihnen!"

Ich gehe noch wesentliche Schritte weiter, denn die tiefenpsychologische und philosophische Bedeutung mit ihren unmittelbaren Auswirkungen auf unser tägliches Leben wird uns, über die Erkenntnis hinaus, die Chance geben, unsere Sprache endlich zu präzisieren.

Ohne eine Präzisierung des Denkens wird es keine Präzisierung der Sprache und dann auch keine Präzisierung des Handelns - mit der entsprechenden Steigerung der Resultate - geben.

Die Leistungen der Hightech-Industrie und vor allem der Computerprogrammierungen zeigen deutlich, dass es ohne eine Präzisierung der Begriffe und deren Definitionen keinen Fortschritt geben kann.

Auch im Führen von sozialen Einheiten, Firmen, Teams, Abteilungen und Vereinen, wird es keinen wirklichen Fortschritt geben. Das Prinzip der Indiviuellen Verantwortung und Managementmodelle, wie die V-I-S-E®-Systematik, können hier einen wertvollen Beitrag leisten.

Dabei bleibt anzumerken, dass das PIV ein reines Naturprinzip ist und in der gesamten Flora und Fauna seine Entsprechung findet.

Der einzige der glaubt, diesem PIV nicht entsprechen zu müssen, ist der Mensch[2].

Er futtert lieber vom Baum der Erkenntnis und wundert sich dann, wenn er sich den Magen (das Leben) verdirbt und unmittelbar aus dem Paradies vertrieben wird.

Die Zeit ist überreif. Seit der Hanse und der Fuggerei hat es keinen wirklichen Fortschritt in der Führung von sozialen Einheiten gegeben. Auch wenn sich in der 2. Hälfte des 20. Jahrhunderts in den westlich geprägten Ländern einschließlich Japan ein bemerkenswertes Maß an sozialer Gerechtigkeit entwickelt hat, so müssen wir jetzt erleben, dass die Bedingungen sich auch in den ehemals von Wohlstand geprägten Ländern wieder verschärfen und das unwürdige Gerangel um Macht, Geld und Einfluss in eine neue Runde geht.

Die Herausforderungen an Unternehmen, Unternehmer und Führungskräfte sind entsprechend hoch, aber es bleibt so, wie es schon immer war:

"Nur die Besten werden überleben!"
Darwin lässt grüßen.

Erst die Präzisierung der Sprache als ein Ausdruck eines höheren Bewusstseins und das Verstehen der Lebenszyklen von sozialen Einheiten wird diesen Quantensprung ermöglichen. Der technische Fortschritt, von seinen militanten Auswüchsen einmal abgesehen, ist ein deutliches Beispiel dafür, was möglich ist, wenn wir mit der Sprache präziser und folgenrichtiger umgehen.

Alle Führungskräfte und auch die Quer- und Vorwärtsdenker sind aufgefordert, neben ihrer meist fundierten Kritik und Analyse des Vergangenen auch eine präzise, lösungsorientierte und lösungsschaffende Sprache zu benutzen.

[2]siehe die Präambel und die Thesen in der Anlage

Mit dem peinlichen Gerede von *„Ich übernehme hier die Verantwortung!'"* oder *„Schließlich trage ich hier die Verantwortung!"* sollte endlich Schluss sein.

„Ich habe hier die Aufgabe, die Rolle des Unternehmers übernommen und bin mir dieser Herausforderung voll bewusst. Ich habe genügend Folgenbewusstsein und bin mir darüber im Klaren, dass ich im Falle einer Pleite die Folgen nicht alleine tragen kann, sondern sich die Folgen auf meine Mitarbeiter, die Solidargemeinschaft der Arbeitslosenversicherungseinzahler und meine Kunden verteilen."

Ein Unternehmer, der diesen Satz so formuliert und seine Bedeutung auch *fühlen* kann, ist eine Führungskraft (Unternehmer, Manager, Politiker, Coach etc.) von morgen. Gleiches gilt natürlich für jeden "Rolleninhaber". Auf das Thema „Rolle" gehe ich im nächsten Abschnitt noch etwas näher ein, weil dies gerade in Unternehmen besonders wichtig ist.

„Narren meckern und kritisieren,
Kreateure und Proagierer schaffen Lösungen!"

Das Prinzip der Individuellen Verantwortung - PIV - ist ein unumstößliches Naturprinzip. Jenseits von allen hochphilosophischen, ethischen und vor allem theoretischen Betrachtungen eines Max Webers oder Hans Jonas[3], ist es die Basis für jede hochkultivierte und -zivilisierte Gesellschaft, genauso wie für alle Unternehmen, die auf lange Sicht erfolgreich am Markt bleiben wollen.

Jede Missachtung dieses Prinzips führt zwangsläufig in gesellschaftliche und unternehmerische Verhältnisse, wie wir sie derzeit weltweit beobachten und bemängeln.

[3]Autor des Buches „Das Prinzip Verantwortung"

9.4 Die Rolle im PIV

Alle Lebewesen haben ihre naturgegebene Rolle bereits bei der Geburt erhalten bzw. in ihrem Samen programmiert. Kein Igel muss ein Persönlichkeitsfindungsseminar besuchen, um herauszufinden, ob er ein Igel oder eine Katze oder auch etwas anderes ist. Nur bei den Menschen ist es von vornherein nicht selbstverständlich, weil sie sich selbst nicht verstehen.

Das Orakel von Delphi hat schon gefordert:

"Gnothi seauton = Erkenne Dich selbst"

und der chinesische General Sun Zi schlug in die gleiche Kerbe:

„Erkenne Dich selbst und Deinen Gegner und Du wirst in tausend Schlachten nicht geschlagen.“

Gerade in unserer schnelllebigen Zeit wird der am glücklichsten sein, der seine Rolle gefunden hat. Ob eine Person ihre Rolle gefunden hat, erkennt man daran, in welchem Maße sie dauerhaft glücklich ist und nicht daran, wie viel Geld sie auf dem Konto hat. Obwohl Geld auf dem Konto natürlich kein Ausschlussgrund für Glück ist. „An den Früchten werdet ihr sie erkennen!"

Diverse Seminar- und Literaturangebote können bei der Rollenfindung helfen. Meine besten Erfahrungen als Persönlichkeitstrainer habe ich mit dem STRUCTOGRAM®, der Transaktionsanalyse und dem Enneagramm gemacht. Das V-I-S-E®-Managementprofil ist dann noch das Tüpfelchen auf dem i. Auch andere Modelle, wie HBDI®, DISG®DISG®und auch die Astrologie, können Hilfen auf dem Weg zu einem tieferen Verständnis von sich selbst und der eigenen Rolle sein.

Viele Wege führen nicht nur nach Rom, sondern auch zu der eigenen, wahrhaftigen Rolle.

Schauen wir einmal auf eine der wichtigsten Rollen in unserer Gesellschaft, die des Unternehmers, des Arbeitgebers.

9.5 Die Rolle des Unternehmers

Unternehmer sind Personen, die auf eigenes Risiko etwas unternehmen, um daraus Gewinn zu machen. Was könnten die wichtigsten Aufgaben eines Unternehmers sein, die Familie ernähren? Arbeitsplätze schaffen? Seine Mitarbeiter anständig bezahlen und behandeln? Seine Kunden zufrieden stellen? Sicher, aber seine Hauptaufgabe ist und bleibt, etwas erfolgreich zu unternehmen, deshalb heißt er Unter-Nehmer. Ein guter Unternehmer ist jemand, der mit seiner Unter-Nehmung Gewinne macht.

Denn nur, wenn er Gewinne macht, kann er auch weiter etwas unternehmen und damit sein Leben lang Unternehmer bleiben. Ein Unternehmer ist ein Unternehmer und kein Philosoph, der das Leben denkt. Der Unternehmer denkt und handelt. Er hat ein tiefes Bedürfnis danach, seine Gedanken zu materialisieren, sie Wirklichkeit werden zu lassen und funktionierende Systeme zu entwickeln. Fassen wir zusammen:

Die Aufgabe des Unternehmers ist in erster Linie, Ideen zu entwickeln und diese in einem funktionstüchtigen System gewinnbringend umzusetzen. Er ist zum Gewinn- oder Profitmachen geradezu verpflichtet. Ohne diesen Gewinn wird er die Lust am Unternehmen verlieren. Ohne diesen Gewinn kann er nicht in neue Ideen investieren. Ohne neue Ideen wird er bald kein Unternehmer mehr sein und muss seine Leute entlassen.

Unternehmer bilden deswegen eine der tragenden Säulen jeder Gesellschaft, wahrscheinlich sogar die tragende Säule, zumindest aber die treibende Kraft, den Motor der Gesellschaft sozusagen. Ohne Unternehmer wären wir schlagartig wieder auf dem Niveau der Jäger und Sammler und würden uns ausschließlich um die Befriedigung der Grundbedürfnisse und den Erhalt der Art kümmern.

Allerdings haben wir in Deutschland weniger als 10 Prozent klassische Unternehmer, die wirklich auf eigenes Risiko tätig sind. Das heißt, 90 Prozent der Bevölkerung bezieht ihr Einkommen aus Gehalt, Pension, Rente, Arbeitslosengeld oder Sozialhilfe. Sie trägt kein direktes Risiko und ist in der einen oder anderen Weise „abgesichert". Manager, Vorstände oder Aufsichtsratsmitglieder sind insoweit auch keine Unternehmer, obwohl man ihnen unternehmerisches Denken sehr wohl zutrauen kann.

Welches sind also die grundlegenden Aufgaben des Unternehmers?

- **Ideen entwickeln und daraus Profit machen.**
  Warum? Weil sie Unternehmer sind. Allerdings ist eine Idee, nur weil sie profitabel ist, noch keine Idee im Sinne des PIV. Welche Voraussetzung muss eine unternehmerische Idee erfüllen, damit sie eine Idee im PIV-Sinne ist?

Prof. Dr. Hans H. Hinterhuber, Vorstand des Instituts für Unternehmensführung der Universität Innsbruck und Professor für Internationales Management an der Wirtschaftsuniversität Bocconi in Mailand, sagt folgendes:

„Ein Unternehmen kann nur überleben und sich entwickeln, wenn es laufend Beiträge zur Lösung gesellschaftlicher Probleme leistet."

Gleiches gilt natürlich auch für einen Unternehmer, denn eine Idee sollte auf jeden Fall diesem Grundsatz und bestimmten ethischen Grundanforderungen (siehe Anhang) gerecht werden. Die Gefängnisse sind voll von „Unternehmern", die schon den gegenwärtig eher groben Rahmen des Rechts missachtet haben.

Der PIV-Rahmen ist wesentlich anspruchsvoller. Hier geht es darum, den natürlichen Überlebensgesetzen gerecht zu werden und nicht dem Gesetz, wie man am meisten Geld machen kann. Selbstverständlich darf und kann der PIV-Unternehmer auch sehr wohlhabend werden. Langfristig gesehen sogar noch effektiver als mit den bisher üblichen Methoden.

Während die Symptom- und Linderungsbehandler unter den Ärzten mit sinkenden Einnahmen konfrontiert werden und das Vertrauen in die Ärzteschaft ständig sinkt, können auf der anderen Seite die Hersteller von Nahrungsergänzungsmitteln auf zweistellige Wachstumsraten verweisen.

Der Boom der Gesundheits- und Wellnessindustrie gehört zu den Mega-Trends des 21. Jahrhunderts. Denn wer möchte nicht alt werden und dabei fit und gesund bleiben? Soviel zur Aufgabe der Ideenentwicklung und des Profitstrebens.

- **Die eigene Persönlichkeitsentwicklung vorantreiben!**
  Warum? Um überhaupt den Schatten einer Chance zu haben, als Unternehmer der ersten Aufgabe, mit Ideen Profit zu machen, im hohen Maße gerecht zu werden. Denn ohne die Entwicklung der eigenen Persönlichkeit wird der Unternehmer nicht in der Lage sein, den nächsten Aufgaben wirklich gerecht zu werden:

- **Die Mitarbeiter zu Höchstleistungen motivieren!**
  Warum? Weil Menschen von Natur aus Freude daran haben. Fernsehsendungen, in denen es um Höchstleistungen geht, ob im Sport, Quiz oder in der Technik, erfreuen sich deshalb größter Beliebtheit. Können Sie sich noch daran erinnern, als der Vater oder die Mutterstolz von der Arbeit kamen, weil sie ein Lob für eine besondere Leistung bekamen und sofort davon berichteten?
  Solche „Heldentaten“ werden oft sogar von Generation zu Generation weitererzählt. Unternehmer, die ihre Mitarbeiter zu nehmen wissen, verstehen es auf wunderbare Weise, diese zu Höchstleitungen zu motivieren. Wie? In dem sie als erstes die Hauptregel der Mitarbeiterführung beherzigen:

- **Die Mitarbeiter aus Überzeugung anerkennen und von Herzen achten!**
  Warum auch noch „von Herzen“? Der Bibelspruch „Liebe Deinen Nächsten wie Dich selbst!“ wäre ein Grund, es zu tun,

> aber ein Unternehmer sollte wissen, dass jedes Nachlassen der Achtung gegenüber den Mitarbeitern viel Geld kostet. Und welcher Unternehmer ist schon wild darauf, Geld zu verschenken?
> Denn Mitarbeiter, die sich absolut geachtet fühlen, sind wesentlich frustresistenter, leistungsbereiter, seltener krank, offener, freundlicher, positiver, weniger geldgierig und neidisch, ehrlicher und loyaler.

Diese Achtung muss aber aus tiefstem Herzen kommen und einer ethischen Grundeinstellung entsprechen. Jede vordergründige Schleimerei wird von den Mitarbeitern sehr wohl wahrgenommen und bewirkt genau das Gegenteil. Diese profunde, von Herzen kommende Achtung, kann aber nur erreicht werden, in dem der Unternehmer beginnt, sich selbst derart zu entwickeln, dass er auch sich selbst von Herzen achtet. Wann ist dieser Zustand gegeben? Wenn ein Mensch sich ganz und gar annehmen kann, sowohl mit seiner Lichtseite, also den Stärken, als auch mit seiner Schattenseite, z. B. seinen Defiziten.

Mit der Lichtseite haben die meisten Menschen kein Problem, aber beim Schatten wird es problematisch. Hier liegt der Hase im Pfeffer. Wer ist schon bereit, seine Anteile von Schäbigkeit, Verlogenheit, Brutalität, Zorn, Manipuliersucht, Egoismus, Angst, etc. zu erkennen und anzunehmen? Interessant ist, dass der Einfluss dieser Anteile auf unser Verhalten in dem Maße geringer wird, wie wir sie annehmen können.

In der Weise, wie ein Mensch diese Anteile in sich erkennt und annimmt, ist er auch in der Lage, sie bei anderen zu erkennen und anzunehmen, statt sie zu verurteilen. Denn der andere ist wie er und deshalb kann er ihn lieben, wie sich selbst!

Wer diese Haltung lebt, wird sich niemals arrogant, überheblich oder verurteilend anderen gegenüber verhalten. Der Vertrauenszuwachs, den er danach bei Mitarbeitern, Partnern, Freunden, Nachbarn etc. erfährt, ist enorm. Also gilt die Achtung aus dem Herzen heraus natürlich auch für alle anderen, denen wir im (Geschäfts-) Leben begegnen.

Ich kenne viele Unternehmer aus meinen Seminaren, die mit der hohen Achtung vor ihren Mitarbeitern unglaublich erfolgreich sind, selbst in Branchen, die gegenwärtig schwer zu kämpfen haben. Dass es absolut Sinn macht, auch die Kunden, Geschäftspartner etc. entsprechend zu achten, liegt also auf der Hand. Liebe als Wachstumsmotor Nr. 1...!

Gibt es weitere Aufgaben für einen Unternehmer und Manager? Natürlich, Folgeaufgaben, wie Organisationsentwicklung, Personalentwicklung, Key-Account-Management, Benchmarking, Finanzmanagement etc. gehören je nach der Größe des Unternehmens dazu. Die Wahrnehmung dieser Aufgaben gelingt in dem Maße, wie die vorgenannten, wichtigsten Aufgaben erkannt und erledigt wurden.

Wer keine Ideen hat, mit denen er Gewinne machen könnte, sich selbst nicht entwickelt und seine Mitarbeiter nicht von Herzen achtet, braucht sich keinerlei Gedanken mehr um den Rest zu machen und wird allenfalls mäßig bis mittelmäßig erfolgreich sein. Dass das vielen Unternehmern schon reicht, ist eine Tatsache, mit der wir wohl noch eine Weile leben müssen.

Dieses Buch ist eigentlich auch nur für Hochleistungunternehmer oder solche, die es werden wollen, gedacht. Für Mittelmaß brauchen wir keine neuen Bücher, die gibt es bereits im Überfluss.

Wie steht es mit der Sozialverpflichtung des Unternehmers? Auch diese ergibt sich aus der Aufgabe, seine Mitarbeiter von Herzen zu achten. Denn wer seine Mitarbeiter achtet, wird auch dafür Sorge tragen, dass sie und ihre Familien in Würde leben können.

Einer der sehr erfolgreichen deutschen Unternehmer des 20. Jahrhunderts, Philipp Rosenthal (Rosenthal-Porzellan), der seinen Mitarbeitern freiwillig Mitspracherechte und jede Menge Sozialleistungen einräumte, wurde einmal gefragt, warum er so sozial eingestellt ist? Seine Antwort lautete:

„Wissen Sie, ich bin ein Egoist. Aber, ich bin ein intelligenter Ego-

ist, denn ich weiß, dass ich am meisten für mich erreiche, wenn ich sehr viel Nutzen für andere biete!“

Unsere Gesellschaft braucht mehr von solchen intelligenten Hochleistungsegoisten!

9.6 Die unternehmerischen Aspekte

- Entscheidungsfindung, Entscheidung und Folgen -

Im Abschnitt 9.2 sind die wichtigsten Schritte für die Entscheidungsfindung im PIV schon angedeutet. Nehmen wir an, der Unternehmer Fritz Goldauge aus Stuttgart hat eine tolle Idee, wie er das Trinkwasserproblem in der libyschen Wüste erfolgreich lösen kann. Was sollte er in der Phase der Produktions-Entscheidungsfindung tun?

- **A.**
  Die Frage stellen:
  Wer sind die Entscheidungsfolgenträger?
  Antwort:
  1. seine Mitarbeiter,
  2. die Ausfuhrbehörden unseres Landes,
  3. die Einfuhrbehörden Libyens,
  4. libysche Zwischenhändler,
  5. die Endverbraucher in Libyen.

- **B:**
  Die Frage stellen:
  „Welche Entscheidungsfolgenträger sollte ich an der Entscheidungsfindung direkt beteiligen?“
  Antwort:
  Die Mitarbeiter, die mit der Planung, Produktion und dem Vertrieb zu tun haben. Als kluger Unternehmer ist Fritz Goldauge gut beraten, wenn er das volle Potenzial der Mitarbeiter

schon in der Entscheidungsfindungsphase nutzt, um später, sowohl in der Planungs-, Produktions- als auch in der Vertriebsphase ein Höchstmaß an Motivation, Effizienz und Fehlerfreiheit zu erreichen.

Gerade in der Entscheidungsfindungsphase zeigt sich, in welchem Maße der Unternehmer seine Mitarbeiter achtet.

Die Vertriebsmitarbeiter müssten z. B. in der Lage sein, alle Aus- und Einfuhrbedingungen und die Marktchancen vor Ort bei den Endverbrauchern selbst zu klären. Sie würden bei dieser Klärung auch herausfinden, dass die arabischen Vertriebspartner Wert darauf legen, mit dem Chef selbst zu verhandeln.

Dieses Beispiel ist noch einfach. Wie sollte Fritz Goldauge aber verfahren, wenn sich bei den Verhandlungen mit den libyschen Vertriebspartnern herausstellen würde, dass der zu erzielende Stückpreis trotz der hohen Stückzahlen kaum nennenswerte Gewinne mehr erwarten lässt?

Mir sind Unternehmer, die gleichzeitig Erfinder waren, begegnet, die nur um die Verwirklichung ihrer Erfindung willen auf einen solchen Handel eingegangen sind, um dann in den Konkurs zu gehen. Warum?

Weil sie spätestens an dieser Stelle den Fehler gemacht haben, ihre Mitarbeiter nicht erneut in den Entscheidungsprozess mit einzubinden.

Wenn die Mitarbeiter jedoch in die neue Lage eingestimmt und eingebunden werden, entwickeln sie ein solches Maß an Kreativität und Solidarität, dass ein noch einmal verbesserter Kostenfaktor die notwendigen Gewinne ermöglicht.

Dort, wo die Mitarbeiter von „oben“ gezwungen werden, kostengünstiger und schneller zu arbeiten, geschieht eher das Gegenteil. Den Mitarbeitern ist es ein Leichtes, dem Chef nachzuweisen, dass „es“ nicht geht.

Noch engagierter und aufgabenbewusster verhalten sich Mitarbeiter, wenn ein Unternehmer es schafft, eine ergebnisorientierte Entlohnung einzuführen, die ein wesentlicher Aspekt des PIV ist.

Erst wenn ein Mitarbeiter den unmittelbaren ursächlichen Zusammenhang zwischen seinem Engagement und seiner „Lohntüte" erkennt, wird er aufhören, den Unternehmer als jemanden anzusehen, der sich auf seine Kosten bereichert (was ohne Zweifel noch oft genug geschieht).

In den Fällen, wo Projekte mit einem Verlust abschließen, wird der Mitarbeiter dann auch einen Verlust hinnehmen müssen. Bei einer gut organisierten, ergebnisorientierten Bezahlung werden sich die negativen Auswirkungen aber in Grenzen halten, denn bei den profitablen Projekten sollte immer ein Teil des Profits in einen „Ausgleichsfond" eingezahlt und für solche Fälle zurückgelegt werden.

Natürlich können und müssen die „Verteilerschlüssel" für den einzelnen Mitarbeiter auch mit den Mitarbeitern entwickelt werden. Die Erstellung solcher Schlüssel verlangt ein hohes Maß an fachlicher und sozialer Kompetenz, denn so mancher Mitarbeiter zieht es vor, sein Geld im Schatten der Leistungsfähigkeit anderer Kollegen zu verdienen. Daher ist es sinnvoll, Experten mit heranzuziehen.

Spätestens hier zeigt sich, dass das PIV in der Entscheidungsphase ein sehr demokratisches Prinzip, in der Anwendung es dann aber ein diktatorisches Prinzip ist. Einmal mit der Beteiligung der Entscheidungsfolgenträger getroffene Entscheidungen sind dann auch kategorisch umzusetzen.

Auch das heißt, die Beteiligten zu achten. Jede Verweigerung in der Umsetzung ist eine Missachtung der Entscheidungsfinder. So mancher Gewerkschaftler wird bei so viel Mitbestimmung frohlocken. Spätestens, wenn es an die Beteiligung und „Verteilung" der Verluste geht, wird er vom PIV nicht mehr so begeistert sein.

Aber die Zeit ist reif dafür, dass die arbeitende und dienstleistende Bevölkerung im Guten wie im Schlechten die Folgen ihres Handelns mitträgt. Eigentlich hat sie es schon immer getan, nur sind und waren die Verteilerschlüssel nicht klar und meistens zu ihren Ungunsten geregelt.

Der alte Spruch von „der Privatisierung der Gewinne und Sozialisierung der Verluste“ kommt nicht von ungefähr. Denn spätestens, wenn ein Mitarbeiter seinen Arbeitsplatz verlor, weil zu viele Projekte „schlecht gelaufen“ waren, musste er seinen Teil der Zeche zahlen.

Da nutzte es ihm auch nichts, auf die Versäumnisse und Fehler der Geschäftsleitung hinzuweisen. Auch hatte er kaum noch die Chance, im gleichen Unternehmen mit Kreativität und Engagement seine vorangegangenen Fehler wieder gut zu machen.

Hier haben wir den gravierenden Vorteil des PIV:
Das kausale Prinzip, das hinter ihm steckt, zeigt jedem wirklich verantwortlich Handelnden den Zusammenhang zwischen seinem Tun und den von ihm produzierten Folgen. Die kausalen Zusammenhänge im Unternehmen zu erkennen, darauf hin zu weisen und sie zu erklären, ist die Kunst des modernen Unternehmers.

In Mitarbeiterworkshops habe ich die Teilnehmer gebeten, mir ihre wichtigsten Forderungen, die sie an den Unternehmer bzw. an das Unternehmen haben, einmal zu benennen. Die Spitzenreiter waren dann u. a.:

- sicherer Arbeitsplatz,
- bessere Bezahlung,
- mehr Anerkennung.

Also Dinge, die sie bei näherer Betrachtung nur selbst leisten können. An solchen einfachen Forderungen ist leicht zu erkennen, dass der Unternehmer und seine Manager es nicht geschafft haben, den Mitarbeitern zu vermitteln, dass das Unternehmen nur die Summe der Einzelleistungen aller Unternehmensbeteiligten ist und keine eigene Persönlichkeit hat oder ist.

Interessant ist, dass es immer noch eine Menge Unternehmer und Manager gibt, die gar nicht daran interessiert sind, diesen Irrtum aufzuklären. Sie umgeben sich gerne mit dem Nimbus des Übervaters, der sich um alles kümmert. *„Macht Ihr die Arbeit und ICH mache hier das Denken!“ „ICH trage hier schließlich die Verantwortung!“* Dieser Spruch ist so falsch, wie er fatal ist.

Jeder Mitarbeiter muss annehmen, dass für alles, was im Unternehmen passiert, schließlich der Chef geradesteht, dafür kriegt er ja auch mehr Geld.

Mit dem „Ich-trage-hier-die-Verantwortung“-Gerede haben es die Manager in den westlichen Industrieländern geschafft, sich höchste Gehälter zu genehmigen.

Wenn sie dann ein Unternehmen in die roten Zahlen geführt haben, machen sie es wie die Politiker: Sie „übernehmen die Verantwortung“, das heißt, sie kassieren eine schöne Abfindungssumme, lassen den Scherbenhaufen hinter sich und fangen im Unternehmen „Irgendwo AG“ neu an.

Im PIV geht es nicht darum, den Managern ihre Gehälter streitig zu machen, sondern darum, dass die Kausalität zwischen der Aufgabe, dem Mehrwert, den jeder Einzelne schafft, und seinem Lohn, positiv wie negativ, deutlich gemacht wird.

In den meisten Unternehmen sind die Gehälter der Geschäftsleitung nicht bekannt. In manchen Unternehmen ist es den Mitarbeiter, sogar mit Kündigungsandrohung, untersagt, über die eigenen Gehälter zu sprechen.

Deutlicher lässt sich soziale Inkompetenz nicht dokumentieren. Ich frage solche Manager oder Unternehmer dann:

„Wenn Ihre Mitarbeiter Ihr Gehalt schätzen würden, wie glauben Sie, geht diese Schätzung aus? Schätzen die Mitarbeiter zu niedrig oder zu hoch?“

Die Antwort ist klar: Die Mitarbeiter schätzen das Gehalt noch höher, als es ohnehin ist.

Entsprechend ausgeprägt ist auch der Neid und das Empfinden, übervorteilt oder gar ausgebeutet zu werden und entsprechend niedrig ist die Motivation, sich noch mehr für das Unternehmen, den Unternehmer oder den Manager zu engagieren.

Auch mit Wahrheit und Klarheit lässt sich in Unternehmen jede Menge Geld verdienen.

Als Unternehmer gibt es zwei Einstellungen:

- Er empfindet sich als Sonderteil, der eine soziale Einheit führt, die ihm dient und von der er Nutzen zieht.

oder

- Er empfindet sich als einen Teil dieser sozialen Einheit, in der er seine Rolle wahrnimmt und mit der er gemeinsame Ziele verfolgt.

Schon der gesunde Menschenverstand gibt uns die Antwort darauf, mit welchem Selbstverständnis der Unternehmer wohl höhere Ziele erreichen kann?

9.7 Die Rolle der Mitarbeiter

Naturgemäß ergeben sich die wichtigsten Aufgaben für die Mitarbeiter schon aus den vorgenannten Kapiteln. Nämlich: Ihre Aufgaben als Väter, Mütter oder Kinder wahrzunehmen. Alleinstehende haben allenfalls die Aufgabe, für sich selbst zu sorgen oder sich um ihre Eltern zu kümmern.

Natürlich bleibt es ihnen unbenommen, sich um eine Partnerschaft zu bemühen.

Solange diese Partnerschaft kinderlos bleibt, ist es eine reine Zweckgemeinschaft, in der keiner dem anderen wirklich verpflichtet ist. Jede Form der Verpflichtung wäre absolut freiwillig und weder archaisch noch naturgegeben. Natürlich gibt es auch Zweckgemeinschaften, die von tiefer Liebe zueinander geprägt sind. Im

Unternehmen ist es die Aufgabe der Mitarbeiter, sich ihrer freiwillig übernommenen Aufgabe absolut bewusst zu werden und diese dann auch zu 100 Prozent wahrzunehmen.

Mir begegnen immer wieder Mitarbeiter, die 80 Prozent ihrer Arbeitszeit ihrer Arbeit widmen und sie die restlichen 20 Prozent ihrer Arbeitszeit, Gedanken über die Aufgaben der Geschäftsleitung machen und sich über diese „das Maul zerreißen".

Natürlich begegnen mir auch Führungskräfte, die nur zu 20 Prozent ihre Aufgabe wahrnehmen, zu 40 Prozent die ihrer Mitarbeiter, weil sie ihnen nicht trauen oder weil sie sie für unfähig halten und lieber vieles selber machen und zu schlechterletzt die verbleibenden 40 Prozent für die Absicherung ihrer Position ver(sch)wenden.

„Ein jeder bleibe in seiner Rolle!" ist eines der wichtigsten Lebens- und Führungsprinzipien überhaupt. Unsere Zeit ist davon geprägt, dass die wenigsten ihre Rolle bzw. Aufgabe zu 100 Prozent wahrnehmen und statt dessen über das Verhalten der andereren lamentieren.

„Die besten Kapitäne stehen immer an Land!" sagte ein alter Fischkutterkapitän, als er sich die unqualifizierten Ratschläge derer anhören musste, die auf der Pier standen und sein Anlegemanöver beobachteten.

Das PIV fordert nachdrücklich, dass jeder seine Aufgabe und seine Rolle zu 100 Prozent wahrnimmt, so wie es zu 100 Prozent in der Natur geschieht. Kein Lebewesen aus Flora und Fauna käme auf die Idee, sich um die Aufgaben einer anderen Spezies zu kümmern. Oder haben Sie schon einmal einen Wolf gesehen, der versuchte, die Aufgaben eines Wildschweins wahrzunehmen oder eine Katze, die sich Gedanken über die Aufgaben einer Maus macht?

Auch wenn der Vergleich mit den Tieren unzulässig erscheint, ist es besonders zweckmäßig und wichtig für das reibungslose Funktionieren der sozialen Einheit „Unternehmen", dass sich ein jeder Mitarbeiter seiner Aufgabe bewusst ist.

Das heißt, er sollte Klarheit über sein Aufgabengebiet haben bzw. von seiner Führungskraft vermittelt bekommen. Entsprechend müssen Führungskräfte ihre Rolle als Prozessbegleiter und als Coach ausfüllen.

Sie müssen in der Lage sein, dem Mitarbeiter seine Aufgabe und seine Rolle einleuchtend zu erklären. Daraus kann wirkliches Aufgabenbewusstsein entstehen.

Wer seine Aufgabe versteht, trägt dann für die richtige Wahrnehmung dieser Aufgabe auch die VERANTWORTUNG. Das bedeutet, er muss sich rechtfertigen, Rede und Antwort dafür stehen, dass er seine Pflichten im Rahmen der Aufgabe auch wahrgenommen hat.

Dafür muss er sich dann ggf. verantworten. Das kann, je nach den Umständen, Lob, Verwarnung, Abmahnung, Prämie, Strafe oder Kündigung sein.

Damit trägt er dann *seine* Folgen. Die weitergehenden Folgen, die die möglicherweise mangelnde Wahrnehmung der Aufgaben nach sich zieht, werden dann sozialisiert, was, wie wir nun mittlerweile wissen, auch nicht anders geht.

Deshalb sei hier noch einmal wiederholt:

Verantwortung kann ein jeder nur für sich selbst und die ihm zugeteilten Aufgaben übernehmen und niemals für andere.

Führungskräfte, Eltern und sonstige sich in einer Führungsrolle befindenden Personen haben mit dem PIV eine besonders gute Gelegenheit, die Ursächlichkeit jedes Verhaltens mit dem großen Ganzen in Verbindung zu bringen und dem Mitarbeiter oder dem Kind diese Kausalität auch zu erläutern.

Ein Beispiel: Der Unternehmer Piepenbrink erkannte, dass seine Mitarbeiter nur mäßig motiviert waren, ein Projekt zufriedenstellend zu bearbeiten.

Er erläuterte die Situation und konnte anhand von Zahlen und Skizzen aufzeigen, dass das Projekt mit einem dicken Verlust abschließen würd, der fast die gesamten Rücklagen aus dem „Ausgleichsfond“ in Anspruch nehmen würde, wenn sich die „Arbeitsmoral“ nicht verändere.

Die Kausalität zwischen Arbeitsmoral und Ergebnis verstehend, ging ein Ruck durch die Mitarbeiter und das Projekt schloss mit einem noch akzeptablen „kleinen Verlust“ ab. Die nahezu gleich gelagerten Folgeaufträge wurden sogar mit Gewinn abgeschlossen.

Unternehmer, die das PIV schon anwenden, haben mir immer wieder bestätigt, dass ihr persönlicher Zeit- und Arbeitsaufwand in dem Maße sank, wie das PIV von den Mitarbeitern verstanden und genutzt wurde.

Das Selbstbewusstsein der Mitarbeiter stieg entsprechend und der Krankenstand ging fast gegen Null.

Jeder Mitarbeiter, der (s)eine freiwillig übernommene Aufgabe versteht, fühlt sich in dieser Aufgabe auch zuhause und sicher. Wenn er zudem in seiner Rolle noch geachtet wird, egal ob er Fließbandarbeiter oder Spezialist ist, wird er über die Maßen motiviert und engagiert seine Aufgabe wahrnehmen.

Deshalb ist es wichtig, dass Führungskräfte in der Lage sind, jedem Mitarbeiter die Wichtigkeit seiner Rolle im Unternehmen auch zu erklären. Die folgende Übung und Grafik könnte eine Hilfe sein: Auf die Frage: *„Wer ist die wichtigste Person im Unternehmen?“* antworten mir Seminarteilnehmer oft: *„Der Chef!“*

Ich frage sie dann: *„Wer steht in Ihrem Unternehmen in der Lohnskala ganz unten?“*

Oft kommt dann die Antwort: *„Die Putzfrauen!“* Ich fordere sie dann zu folgendem Gedankenspiel auf:

„Stellen Sie sich einmal vor, der Chef geht drei Wochen in Urlaub und niemand vertritt ihn, was passiert?“

Die meist einstimmige Antwort lautet: *„Nichts!“* Ich frage dann: *„Was passiert aber, wenn die Putzfrau drei Wochen in Urlaub geht und niemand vertritt sie?“*

Die Antwort lautet: *„Spätesten nach drei oder vier Tagen stinkt es zum Himmel und wir können den Laden schließen!“*

Übrigens, anhand der Grafik Abb. 9.3 können Sie sofort feststellen wie sehr Sie schon Chef und wie sehr Sie noch Mitarbeiter sind.

Sie brauchen nur einzuschätzen, wie viel Zeit Sie für langfristige Aufgaben aufwenden und wie viel Zeit Sie für kurzfristige Aufgaben, dem Tagesgeschäft, aufwenden.

Bei einer Verteilung von 50:50 landet dann auch der Inhaber eines Unternehmens im mittleren Management.

Spätestens nach dieser Feststellung wäre es gut für den Inhaber, einmal sein Aufgabenbewusstsein und sein Selbstmanagement zu überprüfen.

Irgend etwas scheint dann nicht zu stimmen oder er steht zu seiner Selbstständigkeit, in dem er möglichst alles ständig selbst macht und sich selbst mehr vertraut als anderen.

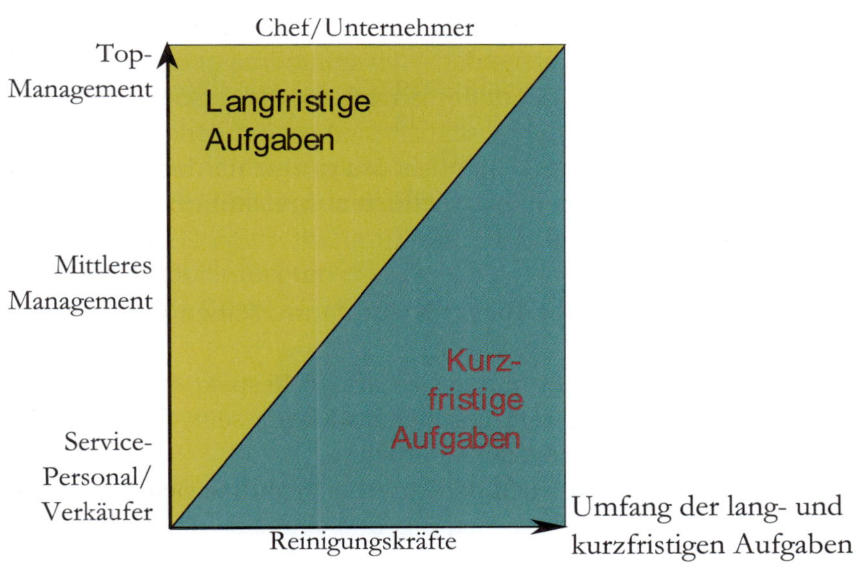

Abbildung 9.3: Wer ist wichtig im Unternehmen?

Aus der Grafik lassen sich folgende Dinge ablesen:

1. Jeder ist wichtig.

2. Ohne Chef geht die Firma langfristig pleite.

3. Ohne Mitarbeiter ist die Firma kurzfristig pleite.

4. Wo stehe ich in der Führungshierarchie?

Natürlich haben bisher wenige Putzfrauen Firmen in die Pleite getrieben. An die Stelle der Putzfrauen kann man auch die Servicetechniker, die Verkäufer oder die Mitarbeiter eines Callcenters setzen.

Diese Übung soll deutlich machen, dass jeder im Unternehmen wichtig ist und für das gute Funktionieren eines Unternehmens unabdingbare Aufgabe hat, nur dass sich ihre Wichtigkeit in langfristig und kurzfristig unterscheidet.

Da die kurzfristig Wichtigen, je nach Grad der Spezialisierung, meist auch kurzfristig „austauschbar" sind, ist ihr „Marktwert" nicht so hoch. An ihrer Wichtigkeit ändert das gar nichts. Jede Führungskraft, die an herausragenden Leistungen ihrer Mitarbeiter interessiert ist, tut daher gut daran, ihre Mitarbeiter von Herzen zu achten.

Jeder Mitarbeiter tut ebenfalls gut daran, seinen Chef zu achten.

Wer glaubt, der Chef müsse sich diesen Respekt erst noch verdienen, irrt und sollte sich darüber im Klaren sein, dass ihn niemand zwingt, für diesen Chef zu arbeiten.

Chefs, die glauben, auch der Mitarbeiter müsse sich diesen Respekt erst verdienen, irren ebenfalls und sind sich der archaischen Rolle des Respekts nicht bewusst.

Der gegenseitige Respekt ist die Grundlage, das Fundament einer funktionierenden Kommunikation, in jeder sozialen Einheit.

Geringschätzung oder Verachtung zerstören dieses Fundament unmittelbar.

Aus der Grafik ist auch ablesbar, in welchem Umfang, je nach dem Standort in der Hierarchie, die Tätigkeiten sich aufteilen in langfristig wichtige Tätigkeiten (Chefaufgaben, Strategie, Planung, Key Accounts etc.) und in kurzfristig wichtige Tätigkeiten (Mitarbeiteraufgaben, Tagesgeschäft, Anweisungen ausführen etc.).

Ich beobachte immer wieder Chefs, die sich mindestens 50 Prozent ihrer Zeit mit Mitarbeiteraufgaben beschäftigen und darüber klagen, dass sie „keine Zeit haben“. Kennen Sie den Offenbarungseid einer Führungskraft?

Er lautet: ***“Ich habe keine Zeit!“***

Wer also seine Mitarbeiter achtet und ihnen ihre Aufgaben richtig erläutert, hat sehr viel Zeit für das Wichtige und kommt nicht in die Verlegenheit zu sagen:

„Ich habe mehr Probleme, als Zeit zu deren Lösung. Das Dringlichste verdrängt immer wieder das Wichtigste!“

Mitarbeiter, die ihren Chef achten und sich ihre Aufgabe eingehend erläutern lassen, werden diese Aufgabe selbstständig sowie selbstbewusst wahrnehmen und ein Selbstwertgefühl entwickeln, das diesen Namen auch verdient. Im PIV-Unternehmen ist es von besonderer Bedeutung, dass Mitarbeiter die von ihnen benötigten Informationen auch einfordern.

Informationen sind Bring- und Holschuld. *„Das haben Sie mir ja nicht gesagt!“* gibt es in einem PIV-Unternehmen nicht mehr. Da kommt dann höchstens als Frage: *„Was hat Sie daran gehindert, mich danach zu fragen?“* Jedem Mitarbeiter müsste klar sein, dass der Arbeitsplatz so sicher ist, wie die Vision des Unternehmens stimmt, der ethische Rahmen gegeben ist und jeder im Unternehmen seine Aufgabe sowie seine Rolle versteht und wahrnimmt.

In Seminaren entwickelt sich dann häufig folgende Diskussion: *„Heißt das, dass ein PIV-Unternehmen nicht pleite gehen kann?“*

„Richtig, ein nach dem PIV geführtes Unternehmen kann nicht pleite gehen, so lange die PIV-Prinzipien gelebt werden und die Bedingungen im Ökosystem Erde menschliches Leben ermöglichen."

„Und was ist, wenn der Markt sich ändert und das Produkt nicht mehr gefragt ist?" „Dann hat die Geschäftsleitung, zuständig für langfristige Strategien, diese Änderung längst berücksichtigt. Sie erkennt die neuen Trends im Markt rechtzeitig und passt die Produktion entsprechend an. Das kann auch bedeuten, dass die Produktion ganz geschlossen wird und statt dessen eine im Trend liegende Dienstleistung angeboten wird."

„Das heißt also, dass die Mitarbeiter aus der Produktion entlassen werden?" „Nicht zwangsläufig, es bleibt dem Unternehmen und den Mitarbeitern unbenommen, zu untersuchen, wer für welche Aufgabe im Dienstleistungssektor geeignet oder bereit ist, sich umschulen zu lassen.".

Denn es gehört auch zur Aufgabe eines jeden Einzelnen, seine eigene Position im Markt immer wieder zu überdenken und seine persönliche Entwicklung so zu betreiben, dass er seine Aufgaben als Vater, Mutter oder Selbsternährer auch erfüllen kann.

Das moralische Recht auf Arbeit befreit nicht von der Pflicht, sich auch in einem PIV-Unternehmen Gedanken über das eigene persönliche Weiterkommen zu machen, innerhalb und außerhalb des Unternehmens. Die Zeiten, in denen man sich als Beamter oder Angestellter auf eine lebenslange Beschäftigung in *einem* Unternehmen berufen kann, sind endgültig vorbei.

Da in PIV-Unternehmen wesentlich effektiver, effizienter und zeitgemäßer gedacht und gearbeitet wird, als in herkömmlich geführten, sind deren Überlebenschancen erheblich höher.

Ich habe PIV-Unternehmen der Baustoff- und Baubranche beraten, die auch dann noch schwarze Zahlen schrieben und die Krise als Chance nutzten, um noch besser zu werden.

Da das PIV ein Naturprinzip ist, sichert es das (Über-) Leben länger als jede andere Philosophie der Unternehmensführung. Somit ist es auch für Mitarbeiter attraktiv und sicher, in einem PIV-Unternehmen zu arbeiten.

Wenn die Führung dann auch noch konsequent den nächsten Schritt macht und mit dem V-I-S-E®-System arbeitet, dürfte sich der Erfolg schnell einstellen.

9.8 Nachwort

Lieber Leser!

Ich danke Ihnen für Ihr Interesse an dem Thema Unternehmenskybernetik und halte es durchaus für möglich oder würde es mir sogar wünschen, dass Sie einen großen Teil der Inhalte schon mal gehört haben oder vielleicht sogar **schon wussten**.

Wenn Sie die Inhalte zudem auch definitiv integriert, also umgesetzt haben, dann **können** sie es auch. Also sind Sie mit sehr großer Wahrscheinlichkeit vom Glück geradezu „umzingelt".

Dann prüfen Sie, ob Sie das Buch trotzdem weiterempfehlen.

Sollte es mit der Umzingelung des Glücks noch nicht ganz soweit sein und trotz des Wissens, noch nicht alles **können**, dann empfehle ich Ihnen, das Buch mehrfach zu lesen, bis sie die wesentlichen Dinge integriert haben und nicht mehr von *Verantwortung* reden, sondern von *Folgenbewusstsein* und *Aufgaben*, die sie sehr bewusst wahrnehmen. Entsprechend werden Ihre internen und externen Kunden sie schätzen und lieben und Sie werden mit ihnen wahre Wunder vollbringen und die Folgen ganz bewusst genießen können...

Ich wünsche Ihnen viel Erfolg, mit V-I-S-E®und dem PIV.

Berlin, Juli 2012

Willi Wende

P.S.:
Wussten Sie, warum Bücher weinen, wenn sie verliehen werden?

(Auflösung siehe Seite 170)

Stichwortverzeichnis

Literaturverzeichnis

Adizes, Ichak:
„Corporate Lifecycles“, New Jersey, Prentice Hall, 1988.
Adizes, Ichak:
„Die Adizes-Methode: Wie Unternehmen jung und dynamisch bleiben“, Wirtschaftsverlag Langen Müller/Herbig, 1995
Blanchard, Ken:
„Kursbuch Selbstverantwortung“, Frankfurt/M, Campus, 2000
Brocke, Karsten:
„Pilot oder Passagier“, Koblenz, FAF-Verlag, 2011
Gazzaniga, Michael:
„Die ICH-Illusion“, München. HANSER 2011
Hinterhuber Hans, Krauthammer, Eric
„Leadership - mehr als Management:
Was Führungskräfte nicht delegieren dürfen“
Heidelberg, Gabler, 2005
Henkel, Olaf:
„Die Ethik des Erfolges“, München, ECON, 2002
Henzler, Herbert u. Späth, Lothar:
„Die zweite Wende“, München, ECON&List, 1999
Hichert, Rolf u. Moritz, Michael:
„Management-Informationssysteme“, Heidelberg, Springer, 1992
Jonas, Hans:
„Das Prinzip Verantwortung“, Berlin, Suhrkamp, 1979
Joschke, Bernd/Peter Stemmann:
„Zen und Management“, München, MVG-Verlag, 1995
Kaplan, Robert S. u. David P. Norton:
„Balanced Scorecard“, Stuttgart, Schäfer/Poescherl, 1997
Kennedy, Margret:
„Geld ohne Zinsen“, München 2006, Goldmann
Kiyosaki, Robert:
„Rich Dad-Poor Dad“, New York, Business Plus, 2006

Kiyosaki, Robert:
„Cashflow Quadrant“, New York, Business Plus, 2010
König, Michael:
„Das Urwort“, München, SCORPIO, 2012
Lipton, Bruce H.:
„Intelligente Zellen“, Burgrain, KOHA-Verlag, 2006
Mewes, Wolfgang:
„Mit Nischenstrategie zur Marktführerschaft“, Zürich, Orell Füssli, 2000
Rohr, Richard u. Ebert, Andreas:
„Das Enneagramm - Die 9 Gesichter der Seele“, München, Claudius, 2010
Pilsl, Karl:
„Wirtschaftsrevolution“, Hinterschmiding, Verlag Gute Nachricht, 2004
Spengler, Oswald:
„Der Untergang des Abendlandes“, München, C.H. Beck, 1963
Sprenger, Reinhard K.:
„Das Prinzp Selbstverantwortung“, Frankfurt/M, Campus, 2007
Schirm, Rolf W. u. Juergen Schoemen:
„Evolution der Persönlichkeit“, Zürich, IBSA Schweiz, 2007
Stemmann, Korai P.:
„Die 9 Gesichter der Persönlichkeit“, Freiburg, Urania, 1999
Wende, Willi:
„Die Chance in der Krise mit dem Prinzip der Individuellen Verantwortung“, Rostock, Edition Albatros, 2005
Wende, Willi:
„Geh' dichter“, Rostock, Edition Albatros, 2009
Wende, Willi:
„Geh' noch dichter“, Rostock, Edition Albatros, 2011
Wende, Willi:
„Unternehmens-Kybernetik“, Rostock, Edition Albatros, 2012

Die archaischen Gesetze

Die folgenden Texte - als Präambel und Thesen - sind 1989 von mir formuliert worden und bilden zweifellos den Rahmen, in dem sich eine künftige, hochzivilisierte und -kultivierte Gesellschaft entwickeln kann.

Dieser Rahmen gilt in der Natur und er gilt natürlich für alle Bereiche menschlichen Lebens, sofern die Spezies Mensch daran interessiert ist, ihre Lebensgrundlagen intensiver zu schützen und zu schätzen. Häufig kommen Menschen zu mir, die auf der so genannten Karriereleiter sehr weit „oben“ sind und schildern mir ihre Probleme.

Fast alle Probleme hatten bisher eines gemeinsam: Sie sind entstanden, weil die archaischen Gesetze nicht beachtet wurden, oft aus Unkenntnis, denn diese Gesetze werden vom Bildungssystem nicht oder kaum erfasst und wurden deshalb von den Inhabern der Probleme als solche auch nicht erkannt.

Wann immer deren Botschaften erkannt und angenommen wurden, haben sich die Probleme verabschiedet, egal, ob auf der gesundheitlichen, der Partner- oder der Karriereebene.

Die Präambel und die Thesen haben nicht den Anspruch, alle archaischen Gesetze wiederzugeben, sondern bilden nur deren Rahmen.

In den Büchern „Geh’ dichter“ und „Geh’ noch dichter“ finden sich weitere Botschaften für eine Kneippkur des Denkens.

PRÄAMBEL

Das Leben und Überleben
aller Lebewesen
im Ökosystem Erde
richtet sich ausschließlich
nach den Regeln der Natur!

Wir Menschen, die einzig vernunftbegabten Wesen,
haben uns von den Überlebensregeln der Natur abgekoppelt.
In anmaßender Weise haben wir uns eigene Regeln gegeben,
die zwangsläufig zu der bestehenden Situation geführt haben.

Eine Chance des Überlebens gibt es für uns, wenn
wir uns dieser Tatsache bewusst werden und uns
nunmehr endgültig und bedingungslos
den Überlebensgesetzen der Natur unterwerfen,
denen wir ohnehin unterliegen.

Erst dann,
wenn wir unser Dasein nach diesen Regeln ausrichten,
werden wir als Spezies in Würde überleben können.

THESEN

I.

Als oberstes Gebot muss die Beachtung
der natürlichen Überlebensgesetze
künftiges Handeln bestimmen.

II.

Das geschriebene Recht muss mit den
Überlebensgesetzen übereinstimmen.
Es gilt der Grundsatz:
Im Zweifel für die Überlebensgesetze.

III.

Die Natur- und Überlebensgesetze
sollten unter dem Aspekt des Verstehens
ständig erforscht werden.

IV.

Eine Nutzung gewonnener Erkenntnisse
darf erst vorgenommen werden,
wenn nach gewissenhafter Prüfung aller
Faktoren ein Verstoß gegen die Überlebensgesetze nicht zu erwarten ist.

V.

Die erforderliche Umgestaltung der
gesellschaftlichen und wirtschaftlichen
Prozesse ist zwar mit der gebotenen Sorgfalt,
jedoch mit allem Nachdruck zu vollziehen.

Autor

Willi Wende, 1947 geboren.
Maschinenschlosser, Seemann
Abitur 2. Bildungsweg
Studium - Dipl.-Finanzwirt
Leitende Positionen in Verwaltung und Wirtschaft,
Konstrukteur und Erbauer der weltweit leichtesten
und schnellsten 21 m Segelyacht „Encarnación“
in der Geschichte des Ferrocementschiffbaus.
Seit 1990 als STRUCTOGRAM®-Trainer,
NLP-Masterpractitioner, Enneagrammlehrer
und als V-I-S-E®-Senior-Master tätig.

Er coacht weltweit Unternehmer, Topmanager,
Politiker, Künstler, Sportler und Führungskräfte
und ist Autor der Bücher:
„Die Chance in der Krise
mit dem Prinzip der Individuellen Verantwortung“, 2005
„Geh' dichter“, 2009
„Geh' noch dichter“, 2011
„Unternehmens-Kybernetik“, 2011 (Vergriffen)

Die Bücher sind im Verlag Edition Albatros erschienen und können auf der Website vom WENDE-INSTITUT direkt bestellt werden.
Kontakt: ww@wende-institut.de
Website: www.wende-institut.de

Die Antwort auf die Frage von der Seite 160 lautet:

„Sie weinen, wenn sie verliehen werden,
weil sie ihrer eigentlichen Rolle nicht gerecht werden können,
nämlich ihren Autor zu ernähren!“